湛庐 CHEERS

与最聪明的人共同进化

HERE COMES EVERYBODY

CHEERS
湛庐

人生高弹性法则

[美] 苏珊·阿什福德 著
Susan J. Ashford
曲韵凡 译

THE POWER OF FLEXING

浙江教育出版社·杭州

测一测：如何跨越能力边界实现终身成长？

扫码加入书架
领取阅读激励

- 以下哪项经历不能有效帮助我们发挥潜力？（单选题）
  A. 承担新职责
  B. 引领变革
  C. 始终深耕一个领域
  D. 负责高挑战性的任务

扫码获取
全部测试题及答案，
一起了解如何培养学习和
发展的思维来助力成长

- 设定弹性目标时，我们应该怎样做？（单选题）
  A. 选择一到两个具体的目标
  B. 设定多个模糊的目标
  C. 只关注短期可达成的目标
  D. 只关注长期可达成的目标

- 如果你想尝试一种组织团队项目的新方法，你可以如何入手？（单选题）
  A. 给所有成员宣讲新方法
  B. 组建一个小团队试行方法
  C. 制订项目失败的应急预案
  D. 任命一位认同新方法的项目负责人

扫描左侧二维码查看本书更多测试题

苏珊·阿什福德
自我领导力发展领域的探路者

Author Photo by Jen Geer Photography

THE POWER OF FLEXING

成就斐然的学者，两项终身成就奖的获得者

苏珊·阿什福德是美国密歇根大学罗斯商学院管理与组织学系教授。在过去30多年的职业生涯中，她因为对自我领导力发展的深刻见解而享有盛誉。她不仅是一位成就斐然的学者，还是两项终身成就奖的获得者，这些荣誉见证了她在管理与组织学领域的卓越贡献。

在罗斯商学院期间，苏珊·阿什福德曾担任高级副院长、领导力发展规划副院长、管理和组织小组主席等多项关键职务。她聚焦于领导力发展、领导效能、自我管理以及个人积极性等领域，在《管理学会评论》《行政科学季刊》《战略管理期刊》等顶尖学术期刊上发表学术论文。同时，她的研究成果也被《哈佛商业评论》《华盛顿邮报》《纽约杂志》等媒体广泛传播，为全球管理者提供了极具启发性的方案和策略。

2002年，苏珊·阿什福德被任命为美国管理学会院士，该学会的这一殊荣旨在表彰从业者中名列前茅的学者。2017年和2020年，她分别荣获该学会颁发的"杰出学术贡献职业终身成就奖"与"组织行为学终身成就奖"，这两项终身荣誉奖项进一步印证了她在管理学领域的杰出学术贡献。

未来管理学发展和
个人成长的思想灯塔

苏珊·阿什福德因其卓越的学术成就而广为人知,她的思想影响力横跨了多个学科领域。她对管理学未来趋势的洞察和对个人成长路径的指导,使她成为许多人的思想灯塔。

在网上输入苏珊·阿什福德的名字就能发现,她发表的论文,以及为知名媒体撰写的阐释性文章被多次引用。截至目前,她已公开发表了117篇学术论文,这些文章累计被引用超过17 166次。她的观点不仅在学术界受到高度认可,还被美国心理学协会主席罗伯特·斯滕伯格在其出版的35部著作中多次引用。此外,全球知名管理思想家如亚当·格兰特和Thinkers50获奖者斯图尔特·弗里德曼也在其播客中对她的观点给予了高度认可。

作为《管理学会期刊》和《组织心理学和组织行为年度评论》的副主编,苏珊·阿什福德始终活跃在学术前沿,积极推动管理学领域的创新与发展。近年来,她发表了自由职业者如何保持产出效率的研究文章,为远程工作和灵活工作模式提供了理论支持。同时,她也对有能力却不愿担任领导角色的人群进行了深入研究,为组织提供了更深层次的员工理解和激励策略。这些研究不仅丰富了管理学的理论基础,还为个人发展提供了新的视角。

随着持续的学术探索和实践应用,苏珊·阿什福德将继续影响未来的管理学研究和实践,她的思想将持续为人们带来重要启发,也让自我领导和自我提升的理念深入人心。

Susan J. Ashford

用"高弹性"推动自我领导力的发展

如何帮助人们实现工作中效能最大化一直是苏珊·阿什福德教学和研究的核心问题。她在教授职场软技能的课堂上经常被质疑，因为软技能背后的原理都不高深，三言两语就能讨论清楚，但真正的挑战在于如何将这些原理付诸实践。为了解决这一难题，她结合心理学、领导力研究和个人经验，总结了人生高弹性法则，旨在切实帮助个人提高效率并对组织产生积极影响。

苏珊·阿什福德的人生高弹性法则强调通过对工作方式的小调整、收集相关反馈并且不断反思后，为自己定制"个性化"的成长路径。她认为，职场中的成长不应依赖于外部动力，而是需要个人主动寻求学习和成长的机会。也就是说，人必须对自己的成长负责。

尽管职场人做出成长的选择是困难的，但苏珊·阿什福德希望让更多人知道，通过人生高弹性法则，小改变就可以实现大成长。这一理念也在实践中得到验证，她曾为通用电气、美林证券等多家知名企业提供咨询服务，为全球的企业管理和创新实践提供重要指导。同时，她还担任了纽约大学管理模拟项目的培训师，为各组织的高管提供战略和人际交往技能方面的培训。此外，她还在密歇根大学、达特茅斯学院、杜克大学以及礼来公司、强生公司和惠而浦公司教授高管发展课程，深受业界好评。

苏珊·阿什福德坚信，当我们的心智在日复一日的消耗中逐渐固化时，人生高弹性法则试图激发和解放的，正是我们自身对人生方向的感知以及对理想生活的渴望。

作者相关演讲洽谈，请联系
BD@cheerspublishing.com

更多相关资讯，请关注

湛庐文化微信订阅号

湛庐 CHEERS 特别制作

推荐序

在不确定中绽放与成长

张晓萌
长江商学院管理学系组织行为学副教授
EMBA 项目副院长

  如何在快速变化的商业世界中保持竞争力和个人成长,这是一个既古老又新鲜的话题。在我看来,在不确定的时代,唯一能确定的是你自己的适应力和成长性。无论时代如何变迁,保持韧性、实现成长始终是成功的关键。

  我在教学与研究中深刻体会到,失败后重新振作的能力、面对巨大的压力取得突破的能力等,不是天生的人格特质,而是可以通过后天学习获得的。通过持续性的微小行为改变的积累,可以获得习得性掌控,从而提升韧性。苏珊·阿什福德的《人生高弹性法则》就为我们提供了这样一条实现终身成长具体可行的路径。在这本书中,作者将她多年的研究和实践智慧，凝结成一套提升个人效能与人际效能的方法，不但能让读者自身获益，而且能让读者进一步指导他人，使整个团队都变得更好。因此，这不仅是一份关于个人成长的指南，更是一部领导者和管理者的必读之作。

什么是高弹性法则？将我们每天生活中的经历作为学习和成长的原材料，通过反思和分析这些经历来获得洞察力，再不断调整自己的行为和策略，最终实现成长和发展，这就是高弹性法则。正如我之前提到的韧性，韧性是个体在面对逆境时展现的积极应对和恢复的能力，它最为重要的是在恢复之后，从这种困境当中成长、获益。韧性和高弹性都强调了在逆境中恢复和成长的能力，两者都是一种积极主动的成长姿态。只不过高弹性更侧重于主动寻求成长的机会，特别强调预见力和在非逆境情况下的适应力。

在这本书中，阿什福德教授通过丰富的案例和实践，展示了一系列如何拥有高弹性法则的策略和方法，包括如何识别最具成长潜力的经历、如何转向学习心态、如何进行情绪管理等。它告诉我们，成长不是被动等待的机会，而是可以通过日常的小事，通过不断的尝试和调整，主动去追求和实现的过程。这种观点与我的理念不谋而合，我在日常商业教育中也是鼓励学生走出舒适区，勇于接受新的挑战，通过实践来学习和成长。

书中的 6 大步骤，从调整心态到设定目标，再到实践和反思，作者为每一步都提供了具体的方法和建议，这些步骤不仅适用于个人发展，也同样适用于团队和组织的成长。如今的领导者需要的不仅是传统的管理技能，还包括在不断变化的环境中引领团队前进的能力。这本书也为领导者提供了一种新的思维方式：鼓励实验和创新。通过小步快跑的实践不断优化自己的管理方式，激发团队成员的创意和解决方案。在从经历中学习的过程中，领导者不断提高决策质量，学会对情绪的智慧管理，控制自己的反应，在压力下保持冷静和专注。在通往高弹性法则的路上，领导者不仅能够提升自己的能力，还能够更好地理解他人，建立更有效的合作关系。

在我个人的工作经历中，我见证了无数商业领袖和企业家如何在逆境中崛起，如何在变化中寻找机遇。他们的故事与这本书中的理念相呼应，证明了我们可以在复杂多变的环境中，通过从经历中学习，从而变得更强大、更有韧性。我一直在寻找能够帮助我的学生们更好地理解世界、提升自我的书籍，而《人生高弹性法则》正是这样一本书。它不仅提供了理论的深度，更提供了实践的广度，是一本难得的理论与实践相结合的佳作。

我向所有渴望成长、追求卓越的人推荐这本书。同时，我也希望读者能够结合自己的实际情况，将书中的理念和方法应用到工作和生活中去。成长是一个个人化的过程，它需要我们不断地自我探索和实践。

最后，我要感谢苏珊·阿什福德为我们带来这样一部作品。它不仅丰富了我们对于个人成长的理解，还为我们在不断变化的世界中寻找稳定和成长提供了一条路径。成长是一个终身的过程，在这条道路上，我们不仅能够提升自己的能力，还能够发现更好的自己。

目 录

推 荐 序　在不确定中绽放与成长
　　　　　　　　　　　　　　　　　　　张晓萌
　　　　　　　　　　长江商学院管理学系组织行为学副教授
　　　　　　　　　　　　　　　　EMBA 项目副院长

引　　言　用高弹性获得突破的力量　　　　　001
　　　　　　欢迎见证高弹性的力量　　　　　　005
　　　　　　提高你的个人效能与人际效能　　　009
　　　　　　如何成为更好的自己　　　　　　　012
　　　　　　你是让自己成长的第一责任人　　　014

第一部分　为什么需要保持高弹性　　　　　019

第 1 章　拥有高弹性，　　　　　　　　　　021
　　　　　经历才能成为你最好的老师
　　　　　最具成长潜力的经历有 6 种特质　　025
　　　　　从高挑战性任务中获取经验　　　　029
　　　　　经历不会主动教你，你要主动去学　031
　　　　　在日常的经历中保持觉知　　　　　033

第二部分　获得高弹性的 6 大步骤　　　　　　037

第 2 章　步骤一，　　　　　　　　　　　　　　039
调校心态，从表现心态转向学习心态

表现心态与学习心态　　　　　　　　　　　　045
学习心态，让你事半功倍地享受成长　　　　　051
转向学习心态的两种有效方法　　　　　　　　057

第 3 章　步骤二，　　　　　　　　　　　　　　061
围绕当下任务设定弹性目标

弹性目标的两大特点　　　　　　　　　　　　065
理想与痛苦驱动的弹性目标　　　　　　　　　067
从简单到复杂的弹性目标　　　　　　　　　　073
设定目标要少而具体，但不能太具体　　　　　075
达成弹性目标，投入程度很关键　　　　　　　078

第 4 章　步骤三，　　　　　　　　　　　　　　083
像科学家一样，制订计划并组织实验

走出舒适区，围绕目标尝试新行为　　　　　　085
设计弹性实验的 3 个步骤　　　　　　　　　　090
运用高弹性法则克服完美主义倾向　　　　　　096
将弹性实验风险最小化　　　　　　　　　　　097
制订具体计划，让你在遭遇意外时更从容　　　100

第 5 章　步骤四，
积极获取反馈，从中看到真正的自己 　103

为什么反馈很难获得　107
两种策略帮你收获反馈　110
阻碍你获得反馈的心魔　113
摆脱心魔，获得真实有效的反馈　115
让寻求反馈成为组织文化　119

第 6 章　步骤五，
反思，最大程度地榨取经历的价值　125

我们为何抗拒反思　129
反思能带来哪些收获　131
将反思变成习惯的 4 个技巧　133
3 个实用的反思主题　140
用学习心态反思　144
消除过去对现在的不良影响　145

第 7 章　步骤六，
用管理情绪代替消除情绪　151

情绪不是需要被处理的问题　154
防止被情绪控制的 4 个方法　157
控制负面情绪，换个视角重新讲故事　164
调节响应，行为如何影响感受　166
抓住机会，发挥积极情绪的力量　169

第三部分　用高弹性赋能个体与组织　175

第 8 章　以高弹性助推自我进化　177
顺利适应职业变化　180
勇敢迎接新任务的挑战　183
以学习心态响应收到的反馈　185
努力成为更好的自己　187
从创伤中收获巨大的成长　191

第 9 章　以高弹性引领团队成长　199
为成长创造环境的 8 个技巧　203
帮助他人克服成长障碍的 7 个方法　211
开始辅导前先思考这些问题　217

第 10 章　以高弹性帮助企业管理　221
一种更适合当下的领导力发展模式　224
理想的新员工入职培训计划　227
更顺畅地度过职业转型期　228
助力新高管快速进入状态　230
融入有文化差异的团队　231
人力资源部门是高弹性落地的关键　233

第 11 章	**以高弹性建立学习型组织**	241
	创造鼓励学习的环境	244
	从"无所不知"到"无所不学"	246
	自上而下的坦诚沟通是推动文化变革的第一步	249
	让组织系统匹配文化变革	251
	4 个方法确保管理者与组织文化对齐	254
	如何面对失败,管理者给员工最重要的一课	257
后 记	**保持高弹性,让自己终身成长**	263

THE POWER OF FLEXING

How to Use Small Daily Experiments to Create Big Life-Changing Growth

引 言

用高弹性获得突破的力量

通过经历而不是死磕书本来学习

THE POWER OF FLEXING

引　言　用高弹性获得突破的力量

如果你已经领导一家知名企业成功经营了20年，后来发现自己需要重新学习如何做一名领导者，你会怎么做？这就是玛吉·贝利斯（Maggie Bayless）所面临的情况。而且更糟糕的是，贝利斯发现自己同时面临3个令人生畏的挑战。

贝利斯的第一个挑战源于她工作上的重大变化。贝利斯是一家知名B2B培训公司的联合创始人和共同管理人。她热爱这份工作，把公司经营得十分成功。公司客户稳步增加，员工队伍逐渐扩大，收入和盈利能力都在增长。有趣的是，尽管贝利斯是公司的主要高管之一，她却不想管理过多的直属员工。

她笑着回忆说："每次我们招聘新人时，我都会对我的合伙人斯塔斯说，'没问题，只要他们向你汇报。'"这一切本来都很好，直到斯塔斯宣布退休的那一天。贝利斯说："我为斯塔斯感到非常高兴，然后我才意识到，不好，这意味着现在每个人都要向我汇报了。"

突然之间，这位曾帮助公司中的许多人应对管理问题的商业顾问，不得不开始自己管理整个团队。她需要指导团队成员做出艰难的决策，帮助他们应对棘手的客户问题，解决他们之间的冲突，做出公平的资源分配决策，并平衡相互冲突的战略需求。多年来，贝利斯第一次开始怀疑自己的工作能力，怀疑以自己的领导能力和人际交往能力是否足够胜任工作。

还有两个挑战同时出现在贝利斯的生活中。一个挑战是她的小女儿要去上大学，她和丈夫25年来第一次进入"空巢期"。虽然这是意料之中的事情，但由此发生的变化仍然带来了压力和情感上的调整。

另一个挑战是严重的健康危机。这对她来说是完全出乎意料的，她甚至需要紧急手术，而且之后还需要再进行两次手术。这不仅对她的身体造成了巨大的压力，而且还有可能导致长期并发症，这都会影响到她的工作。

对于贝利斯来说，这一年的三重威胁是她从未经历过的。她能否发展出新的技能来应对突然面临的在工作、家庭和身体上的问题？她能否通过这些困难和情感体验实现个人的成长？这些问题的答案不但会对她本人产生巨大影响，也会影响她的家人、同事、客户以及公司的长期发展。

我们所有人都会面临出乎意料、从未有过的经历，这些经历要求我们拥有新的见解和能力。事实上，几乎所有人都知道，在生活的某个时刻，我们需要改变和成长。

特别是在当今不可预测的世界，我们都会面临意想不到的变化，我们都有过同时面对许多困难的焦虑感。通过实践高弹性法则，你不仅能更多地了解自己，而且能锻炼出强韧的"肌肉"，这将帮助你度过那些艰难时刻。

欢迎见证高弹性的力量

这是一本关于像贝利斯或你我一样的人如何培养"软技能"的书。这些软技能包括人际交往能力、管理和控制情绪的能力、良好的沟通能力，以及有效管理、适应变化的条件并解决复杂问题的能力。虽然我们称这些技能为软技能，但它们至关重要。事实上，德勤的全球人力资本趋势报告指出，92% 的受访者认为这些技能对员工留任、更强的领导力和更有意义的文化至关重要。

我们面对的商业挑战以及在非营利组织、社区或家庭等任何类型的组织中成为卓越领导者的需求，都需要通过这些技能实现。书中提供了一个法则以帮助我们学习这些技能，任何人都可以使用这个法则：**将我们每天生活中的经历作为学习和成长的原材料，通过反思和分析这些经历来获得洞察力，再不断调整自己的行为和策略，最终实现成长和发展。这个法则就是高弹性法则。**

高弹性法则是一种特别的方法，它能帮助你提高自己的效能，特别是对于那些在组织中的人来说，它还可以提高你在影响和领导他人方面的效能。该法则是基于我多年来与学生、新兴领导者和高级领导者的工作而开发的。它来源于一系列如何管理自己的个人发展的研究，并基于我和我的学生对我们钦佩的领导者及其他人进行的 75 次访谈。所有这些精髓都已总结到这本书中。

高弹性法则具有几个显著的属性。第一，主动性。它能让你掌控自己的成长，仿佛坐在驾驶座上掌控汽车一样。你可以决定何时、如何以及为何要成长，并制订自己的学习和发展计划。你永远不需要等待别人为你提供成长所需的工具、活动或机会。

第二，灵活性。它能让你以自己喜欢的方式追求个人成长。你可以在工作中、在与老板的关系中、在社区的短期项目中保持高弹性。你还可以运用高弹性来提高你的个人效能，也可以暂时放下它，当你感到有动力时再尝试运用。

第三，可管理性。它为你提供了适合大多数人的日常学习方法。发展新技能通常被视为一项重大任务和实质性承诺。比如，你希望读研究生，你想接受心理治疗，你希望公司将你看作高潜力人才并派你去海外接受具有挑战性的职位。但是为什么要等待这样的机会？高弹性法则能让你从日常生活的经历中学习，现在就开始发展个人技能。借用敏捷软件开发领域的一个术语，它是冲刺，而不是马拉松。

第四，趣味性。个人发展或自我提升的过程可以是充满乐趣和探索性的，不必是严肃或痛苦的。高弹性法则鼓励尝试新的方法看看会产生什么结果，以更积极的方式看待失败，然后继续尝试。虽然一场试验也许不会立即改变生活，但随着时间的积累，这些尝试可能会带来新的想法和技能。这将帮助你在日常生活和工作中取得令人惊讶的新成绩，同时享受探索性和趣味性。

因为这些属性十分吸引人，很多人都在运用高弹性法则，比如运用它来学习咨询工作的 MBA 学生、将它作为领导力发展终身策略的 EMBA 学生、在公司中践行它的人。这些人尝试过后认为，高弹性法则是一个实用、有趣且强大的方法，能让他们通过创造性的新方式思考自己日常生活中的经历，从而提高个人效能和领导力。为了一窥高弹性法则的工作原理，让我们看看贝利斯是如何使用它来应对 3 个挑战的。

贝利斯先设定了一些具体的弹性目标，希望自己通过实现这些目标

引　言　用高弹性获得突破的力量

在"新常态"中生存和发展。她在思考了自己面临的挑战以及希望最终达到的状态后，首先制定了应对新领导任务的弹性目标。她分析了自己在管理方面的一些弱点后，设定了第一个弹性目标，即学习更开放地接受他人的意见。第二个弹性目标是提高抗压力和即时反应的能力。然后，为了应对所面临的生活挑战，包括意外健康危机带来的强烈压力，她设定的第三个弹性目标是每日练习正念和感恩。

贝利斯知道这 3 个目标都很难实现。但她也知道，除非她制定这些目标并努力去实现，否则她肯定会失败。这就是为什么选择一个或多个弹性目标是践行高弹性法则的重要步骤。

那么，贝利斯是如何培养实现 3 个目标所需的技能的呢？她计划进行一系列实验，测试特定的行为和互动方式。她可以在日常生活中反复练习，她预测这些行为和互动方式可能使她实现一个或多个弹性目标。

贝利斯的第一个实验机会出现在一位优秀员工想要离职时，这是她一直害怕面对的领导力挑战。她总是很难应对坏消息，而这次情况尤其棘手。尽管那位员工按照常规的流程给出了适当的理由并提前通知，但她起初在情感上却很难接受，觉得很不公平。这个她十分信赖的员工选择在她独立管理公司的时候离开，让她感到被背叛。这个消息对她来说是一个沉重的打击，这种痛苦的经历可能会让她陷入自我否认和怨恨的旋涡。

贝利斯明白她需要尝试一种不同的方法。她不能按照情感指示做出反应，而是计划并测试了一种新的、更审慎的回应方式。她没有立即采取任何行动来回应这个消息，例如迅速提拔另一个员工来填补空缺。在面对这个挑战时，她选择在情感和心理上退后一步，从组织整体人力资源战略的宏观角度考虑问题。在这个实验中，她花时间辨别并利用变化创造的积极机会，与整个团队合作重新设计这个空缺的工作岗位的需求，并迅速招募一名有才华的新员工，让准备离职的员工对其进行培训。通过这些尝试，她成功地将潜在的危机转变为组织的人才升级机会。而这正是贝利斯实践高弹性法则的成果。

贝利斯还收集了团队成员和其他人的反馈，以衡量新行为对自身的影响是积极的还是消极的或者两者都有。她进行了系统性反思，从当前的经历中汲取意义和见解。在整个过程中，贝利斯一直在关注自己的心态，努力保持学习心态，而不是对失败感到焦虑或努力证明自己的能力。她还练习情绪调节，观察、思考和控制自己的情绪，以确保自己的感受无论积极或消极都不会妨碍学习和成长。

贝利斯在这一过程中调校心态、设定弹性目标、制订计划并组织实验、收集反馈、进行系统性反思、管理情绪，践行了高弹性法则的6大步骤。当然，运用高弹性法则的过程也会遇到挫折。但是对于贝利斯来说，高弹性法则已经产生了巨大且积极的作用。如今，贝利斯的公司的发展前景更好，她的领导能力也得到了提升，这要归功于她通过实验及反思自己的经历所洞察和获得的知识。

在接下来的内容里，我将描述高弹性法则的基础概念，并逐步展示它的工作原理。我还将用不同领域、不同角色的人物故事来具体阐述。其中包括新晋管理者，他们努力发展与个人效能紧密相连的新型领导技能；已经身居组织最高层的CEO，他们致力于持续学习并在工作中不断改进；转行成为外交官的律师，他不得不制定应对国际危机的策略，并需要在高压下一年旅行约64万公里；一位年轻妈妈，孩子的成长问题触发了她生命中最重要的个人成长挑战；一位硅谷精英，她在五角大楼处理一项艰巨的新任务时发现自己不得不重新学习领导力。他们有什么共同点？他们都通过高弹性法则，实现了需要持续的终身学习，提高了个人效能。

提高你的个人效能与人际效能

高弹性法则能有效地帮助我们成长，特别是在提高个人效能和人际效能方面。个人效能与学习编程、烹饪、修理摩托车或编织毛衣等技能有很大的不同。虽然学习这些技能可能很困难，但它们相对直接，并且有许多书可以提供指导。相比之下，个人效能更具挑战性，比如，成为一个更好的倾听者，在工作或社区组织中成为一个更卓越的领导者。因为这些能力更像是艺术而非科学，所以学习它们也需要艺术性的方法。

个人效能和人际效能是由他人主观评价的，这需要从他人的视角考虑问题并表现出同情心。个人效能不仅取决于个人的能力，还受到许多外部因素的影响。比如，你的情绪和偏见、他人的需求和价值观、你在关系中的权力动态、企业文化等。更重要的是，个人效能和领导力是紧密交织在一起的。提升个人效能的行动，比如提高自我管理能力、沟通技巧等，通常也会提升领导力。换句话说，成为更富有成效的个人，意味着将成为一个更富有成效的领导者。

此外，个人效能的培养非常个性化，每个人的经历和挑战都是独特的。当你尝试新事物时，可能会失败并得到负面反馈。这些经历会让你感到受伤、尴尬或愤怒。而且，这不是一次性的经历。**成为一个高效能人士是一个持续的过程，需要不断更新旧知识，学习新知识，并将新知识应用到新情景中。**

最后，提升个人效能和领导力需要冒一定的风险。就像高管教练杰里·科隆纳（Jerry Colonna）说的，成长的过程往往是痛苦的，这也是为什么很多人不愿意去经历它的原因。这个过程要求我们勇敢地走出自己的舒适区，并且不止一次，要像心理学家亚伯拉罕·马斯洛（Abraham Maslow）所说的那样，一次又一次地这么做。这确实有些可怕，有时甚至会让人受伤，但如果我们想要进步，就必须这么做。IBM 的前 CEO 吉尼·罗曼提（Ginni Rometty）也说过，成长和舒适是不可能并存的……只有那些愿意不断尝试新事物、敢于冒险的人和组织，才能在现在和将来取得成功。

成长的动力多种多样。心理学家喜欢把人分为两种类型：预防定向型和促进定向型。我的哥哥史蒂夫就是典型的预防定向型。他工作的动力主要是为了避免损失，保护家人和他们享有的福利。他通过不断学习和提升自己，来防止自己的工作被外包或者被拥有更多最新知识的人取代，这些是我们父辈的经历。史蒂夫成功了，他在一家航空机构工作了一辈子，这在今天是非常罕见的。他通过不断提升自己的技能，最终成为组织里不可或缺的人才。

我的大女儿艾莉则是典型的促进定向型。她总是能看到机会和收益，并且会去追求它们。她热爱学习，因为她总是想要探索自己未知的心智和性格。艾莉在一家提供免费课程的医院工作时，她报名参加了园艺、情商和关键对话的课程，并且自费学习了解剖学，仅仅是因为她感兴趣。后来，她在一家初创的复合药房做质量控制工作，又决定学习 JavaScript。她这么做并不是因为这项技能与她的工作有任何直接关联，而是出于她个人的好奇心和探索欲。她想知道自己是否能够掌握计算机编程这门技术，因为她听说了很多相关的事情，感到非常好奇。

或许你能够从这些故事中找到自己的影子。你追求成长的动力是想要在这个竞争激烈的世界不落人后,还是想要创造一个全新的、更好的自我?无论是哪种动机都有价值。正如本书中的故事所表达的观点,人们既会因为日常琐事中的困难而成长,也会因为一生中难得的重大经历而成长。比如:有人站在2013年波士顿马拉松比赛的终点线,突然发生了爆炸,于是被炸伤的他就需要重新学习如何走路;有人遭遇了一场车祸,影响了自己的工作能力。有时候,成长是生活强加给人的。

乔恩·霍维茨(Jon Horwitz)的故事就是如此。他刚在一个新的岗位上工作了6个月。他的老板吉姆是一位组织心理学家,也是一位独立经营者。有一天,吉姆把他叫到办公室,告诉他:"我要到法国东部度假两周。你工作得非常出色。我52岁了,计划再工作8年,然后这个生意就交给你了。"吉姆去法国后不幸被车撞了,第二天就去世了。突然间,霍维茨发现自己置身于他从未预料到的经历中,他试图让生意继续下去,所以他必须迅速成长。

但成长并不总是需要经历创伤或重大变化。研究组织成长的学者提醒我们,成长可能是我们每天在承担自由选择的工作、响应老板的指示等过程中进行意义构建的一部分。有时候,成长也是我们自己的追求。你可能会发现,自己和周围环境对你的期待不匹配,你愿意去改变这种不一致。或者,就像霍维茨的情况一样,环境本身有时也会发生变化,这可能让你感到不舒服,你得去适应和调整。你还可能看到一个吸引人的榜样,并想"我希望我的生活中也有更多这样的元素",进而激发了你的成长。只要你去寻找成长的机会,无论你的动机是什么,你都会发现,高弹性法则会是实现目标的有效工具。

"成长"这个词的一个定义是"逐渐成为"。对于本书来说,这个定义非常合适。这本书讲的正是你如何逐渐成为自己想要成为的人、你应该成为的专业人士，以及世界迫切需要你成为的有影响力的人。这样的成长是一个复杂的过程，需要深思熟虑的行动、对结果的检查、对成功和失败的反思、处理情感的时间，以及进一步行动计划的制订。简而言之，它需要高弹性的力量。

如何成为更好的自己

迄今为止，我的生活和工作都让我深刻认识到，每个人都有潜力去成长与改变。我做商业教育工作长达8年，曾在达特茅斯学院的MBA项目中教授了一门叫作"人际行为"的二年级选修课。这门课程很受欢迎。与学生紧密合作的经历，让我有机会观察他们如何了解自己，如何在职业生涯开始阶段就将持续学习纳入自己的计划。

同时，我也参与了一个不同寻常的咨询项目，这个为期3天的项目被教师们称为"人际训练营"，需要在新罕布什尔州的森林中进行，旨在帮助那些努力提高个人效能的商业领导者。我们引导这些高管进行练习，培训非常有效，甚至帮助一位高管保住了工作。

我转到密歇根州立大学的斯蒂芬·M.罗斯商学院后，开始教授谈判课。谈判是一种非常受欢迎的技能，实际上涉及各种个人效能的培养，从形成影响力和与他人建立联系到传达同理心。之后，我还担任了商学院的高级副院长。我从独立的教师办公室转到了一个高度互联的团队管理环境中，个人效能也因此突然成为我需要优先考虑的事情。我意识到，我也需要不断提高自己的个人效能和人际效能。于是我开始运用高弹性法则，这让我在过去4年里迅速成长，收获了很多成果。

引　言　用高弹性获得突破的力量

最后，因为我渴望回到讲台上，所以我放弃了院长职位，开始在各种项目中教授提升领导力的方法。这一内容对我来说是一个全新的领域，我主要的任务是帮助人们为担任领导角色做准备，这些角色需要很多软技能，包括思维方式、经历、喜好、情感和行为，这些都会影响领导方式。

提升领导力就像生活中的许多事情一样，是一项需要与他人接触的活动，这意味着如果你想成为领导者，就不能没有个人效能。

我的职业生涯一直致力于以各种方式帮助人们发展这方面的能力。所以，我有机会探索这样的问题：人们怎样才能变成更好的自己？为什么有些人会停止成长？为什么有些人能在一生中持续成长？在忙碌和充满挑战的生活中，人们能做些什么来促进自己的成长？

我在帮助他们培养领导力的过程中，形成了一套方法论，就是高弹性法则，它可以帮助个人成长：不管你是在组织内部还是外部；不管你想学习如何领导别人还是只想更有效地合作；不管你在工作中只想解决问题还是想变得更优秀、走得更远。高弹性法则的重点是帮助你成为一个个人效能高的人，也就是帮助你培养那些对成功非常重要的软技能。

根据我的经验，本书的核心方法是人们工作和生活成功的关键。这些方法都是切实可行的，而且通过这些方法你可以很容易找到需要着手改进的地方。我从上述经历中识别出这些方法，并进行了研究。把这些方法整合起来的关键在于我悟出的一个道理：通过经历而不是死磕书本来学习。而本书讲的正是如何更有效地利用经历让你在这些关键领域成长得更快。

你是让自己成长的第一责任人

很多事情的成功都取决于你的个人效能和人际效能。比如，做买卖、建立团队、激励同事、结交朋友、找到合适的伴侣、解决问题、适应变化。但很遗憾，很多人并没有意识到要为自己的成长承担责任。他们只是按部就班地走别人给他们安排的路。他们在学校里成绩过得去，毕业了能找到一份不错的工作。很多人认为大学毕业了，学习之旅就结束了。他们觉得自己已经完成了所有应该做的事，却不知道如何继续向前走、如何继续成长。

实际上，毕业之后才是个人成长真正开始的时候。当然，这也是主动性变得至关重要的时候。当学校生活结束，成长就变成了自愿的事情。就像健康饮食或定期锻炼一样，你需要承诺去做，并且投入思考、时间和精力。否则，你就不会成长，你的生活和事业可能会因此而停滞不前。

贾弗斯如今在一家材料开发公司工作，他在读研究生期间学习化学工程时，从一位教授那里学到了重要的一课。这位教授是贾弗斯的导师。教授形容这种师生关系很奇怪，因为学生们从没真正和教授交谈过或一起出去玩过，教授也没有提供任何具体的学术或职业建议。但教授总是重复强调一个观点："你必须自己做这件事。没有人能真正帮你，你需要自学，然后完成工作。"

这种独立性和韧性对贾弗斯产生了巨大的影响。最后，他顺利毕业了。这非常不容易，因为这门课程一共有 60 个学生，其中只有 23 个学生毕业。教授的观点让他在后来的生活中也受益匪浅。贾弗斯说："它帮助我准备好应对大萧条、母亲的去世和我生活中的其他重大挑战。它教会我,'我必须为此做点什么',而不是等待别人采取行动。"

很多人可能因为害怕或者懒惰而避免成长。我在密歇根州立大学的同事鲍勃·奎因(Bob Quinn)把这种态度描述为:"为了安稳和薪水工作,个人不强迫组织成长,希望组织也不要求个人成长。"或者正如作家安·拉莫特(Anne Lamott)所说:"成长和改变总是伴随着痛苦,所以我的第一反应总是抗拒。我并不傻。"

无论是接受成长还是抗拒成长,如果我们没有正确理解成长中的痛苦,都会带来严重问题。成长不仅对生存和成功至关重要,还会让拥抱成长的人获得巨大益处。研究发现,成长的感觉有助于心理健康,因为它为经历提供了结构和意义,以及宝贵的自我认知,这些都能增强人们在社会生活中的作用和适应能力。此外,认为自己在成长与提高心理健康水平有关,比如生活满意度和自尊的提升、抑郁水平的降低以及对生活的秩序感,这有助于人们理解面临挑战的意义,并管理这些挑战带来的压力。

不要认为你已经在大公司工作了,自我提升就不重要了。虽然很多公司历来都会提供员工培训和发展计划,这既满足了公司需要,也是吸引并留住了人才,但是近年来,许多公司在这方面的投入持续减少,而且那些还在推进的培训项目通常只针对少数几个高潜力员工。至于大多数员工,学习和发展都得靠自己。

这就是为什么高管培训和领导力发展方面的顶尖专家拉尔夫·西蒙尼(Ralph Simone)会这样说:"我认为员工应该为自己的发展负责,当然,如果公司能提供一些资源来帮助员工发展就更好了。"密歇根州立大学前副校长罗伊斯特·哈珀(Royster Harper)也同意这个观点。有人问她:"你有什么建议给年轻人,帮助他们更好地发展吗?"她回答:"要自己负责个人发展问题,没有人能比你更关心你自己的发展。或者说,没有人应该比你更关心你自己的发展。"

当然,我的意思并不是说组织对你个人成长没有任何帮助或影响。研究表明,大多数人的成长都"深深植根于组织环境中",这意味着我们所在的团队或组织会影响我们对成长方向的认识,以及我们用来衡量自己成长进步的标准和方法。团队或组织可以通过肯定和鼓励来支持我们的成长,也可能通过破坏和打击使成长变得更加困难。

在第二部分,我会详细介绍践行高弹性法则的6大步骤。第8章将讲述在哪些情况下你可以通过高弹性来调整自己、实现成长。第9章将讨论如何帮助他人成长。在第10章和第11章,我将探讨个人成长的制度和文化背景,并提出一些关于企业和其他组织如何利用高弹性法则帮助团队成员学习与成长的建议。对于希望鼓励下属成长的领导者、人力资源专业人士,以及其他负责培养健康、以成长为导向的组织文化的人员来说,这些指导非常有价值。

我们问哈珀:"在未来,你还希望学到些什么?"尽管她已经达到了在大学可能获得的最高职位,她的职业生涯已经非常成功了,但她的回答仍然显示出她不断自我提升、学习和成长的精神:

> 我目前正在研究自己的偏见是如何影响我站在别人的角度看问题的。我正尝试更深刻地理解这一点,并且不断提升自己真正倾听和洞察别人的能力,包括他们说出口的和未说出口的想法。他们实际上是想问我什么?他们真正想要了解的是什么?

引 言　　**用高弹性获得突破的力量**

　　哈珀的回答体现了高弹性法则的所有美好之处。尽管她已经取得了很多成就，但她还是发现了困扰自己的问题：在与同事的互动中，似乎还有一些不够完美的地方。她在思考这个问题，并且很可能会开始计划做一些实验来解决它，采取行动并更多地反思如何改进。

　　我希望你也能有这样一段通往终点的成长旅程。你拿起本书，就是迈出了重要的第一步。现在，我邀请你继续这段旅程，请翻到下一页，开始学习，感受高弹性法则带来的力量。

THE POWER OF FLEXING

How to Use Small Daily
Experiments
to Create Big Life-
Changing Growth

第一部分

为什么
需要保持高弹性

THE POWER OF FLEXING

How to Use Small Daily Experiments
to Create Big Life-Changing Growth

第 1 章

拥有高弹性，
经历才能成为你最好的老师

实现高弹性的第一步，
是识别哪些经历最具成长潜力。

THE POWER OF FLEXING

第 1 章　拥有高弹性，经历才能成为你最好的老师

　　杰夫·帕克斯（Jeff Parks）自认为是真正的科学家，具有科学家应有的钻研精神。他从高中起就喜欢生物、化学和物理，并在读本科和研究生时期就渴望成为科学研究者，解决科学问题。但直到迈入社会，在一家初创生物技术公司得到第一份工作时，他才意识到自己并不具备一个商业领导者所需的技巧、能力与敏感度。

　　帕克斯所在的公司与大多数努力求生的初创公司一样，必须在用光融资款前，尽快将产品投入市场。公司有三款正在研发的产品，帕克斯被指定负责其中最没有希望的一款：一种具有潜在医疗价值的特殊合成分子。

　　此外，帕克斯领导的这个产品团队是由公司最年轻、经验最少的四名员工组成的。他们都很聪明，这一点毋庸置疑，但他们对临床试验一窍不通，甚至其中一名员工在大学期间从未接触过相关学科。团队得

到的资源配给也很差：面积最小、设备最差的实验室和最少的临床试验经费。

帕克斯对此颇有怨言，公司CEO听到后耸耸肩："你抱怨的这些问题都能解决，比如叫停这个项目，你们五人去领失业金，怎么样？"帕克斯别无选择，硬着头皮开始自学如何成为领导者，以及如何在资源如此贫乏的情况下激励团队成员完成艰巨的目标。接下来的几个月，他要鼓励团队成员创造性地应对每一个挑战，比如，如何重新利用陈旧的实验室设备进行必要的临床试验等。团队成员频繁进行头脑风暴，他们互相启发，寻找创意，相互激励着应对陌生的工作。由于公司内部同事普遍没时间、缺乏专业能力，所以团队便向外求助，请教大学教授、政府监管部门专家等，来寻求指导和反馈。

最后，帕克斯的团队先人一步将产品推向市场，挽救了公司业务，甚至赢得了同行的赞誉。帕克斯认为，这次挑战对他的人生和职业生涯影响至深。他说："在这之前，我很厌恶团队协作，总觉得自己单干更好。这次我被迫带领团队完成任务，学会了从他人的视角与观点出发，也证实了通过跨学科、跨领域的协作能完成很多'不可能的任务'。"

像帕克斯这样成长为领导者的故事，在商业领域和日常生活中很常见。我们都希望一生有所成就，为世界带来积极的影响与价值，但常常事与愿违。就像帕克斯，他作为初创企业的团队负责人，得到创造新产品、新价值的好机会，但公司无法为他提供有利于工作顺利开展的资源。帕克斯没有被当作公司的"潜力股"，他没学过项目管理，不知道怎么带团队，不了解遇到问题时该如何解决。他在公司没靠山、没盟友、没师傅、没榜样，他就这样被扔到了"深水区"，被压力和挑战裹挟，但他在困境中自学成才。最后，帕克斯独自学会了"游泳"，变得更加富有成效。

最具成长潜力的经历有 6 种特质

帕克斯的故事在领导力发展领域屡见不鲜。绝大部分领导者最重要的一课，并不来自课堂、书本或一对一辅导，而是在实践中习得的。这个现象也体现在如何有效处理复杂的人际关系等方面。

对此，我感受颇深。在过去的 30 多年里，我在面向 MBA 学生的教学中，讲授的大多是"偏软"的商务内容，比如人际效能、人事管理、团队建设、有说服力的沟通等。在我刚开始讲解诸如倾听技巧、如何有效施加影响力、如何提供辅导等课程内容时，通常会有一名学生蹦出来打断我："这些不都是基本常识吗？！"有的同学用词更为直接。

持这种观点的人不在少数，他们说得也没错。这一类软技能乍看确实简单直接，缺乏技术含量，大家在课堂上都能快速掌握，但是知易行难。学生们在角色扮演的课堂训练中甚至在现实生活和工作中运用这些技巧时，才发现实践与想象差距之大。**真实世界是不允许投机取巧的。只有经历现实的磨砺，将耳熟能详的"常识"转化为生动、具体的经验教训，熟稔于心，日后遇到类似挑战，方可随时调用这些"常识"。**

领导力发展专家们信奉在高弹性状态下，从经历中学习的理念。他们常说"70-20-10 原则"[①]是一个经实践检验过的真理。他们对这种洞察趋之若鹜。许多培训者开始将其作为培养领导者的理论基础。

很多企业在过去习惯让高潜力员工参加各种领导力培训班，现在他们转向一个新的培养途径：直接安排高潜力员工做可能产生新体验、获

[①] 一项基于优秀管理者的调研表明，优秀管理者的成长，70% 得益于边干边学，20% 得益于导师、同事等的影响，只有 10% 得益于图书或培训班。——编者注

得新技能的工作，让他们在实践中学习。

然而，新问题来了：在这些工作或者任务中，究竟哪些经历具备学习价值，值得高潜力员工学习？领导力发展专家们决心要解答这个问题，并开始着手识别和验证能最大限度地提升学习效果的经历具有哪些特质。

具备这些特质的经历同样适用于提升你在家庭、社区、民间组织或慈善组织中的工作能力。有证据表明，它们还适用于不同文化。在印度、中国和新加坡进行的研究发现，这些国家同样存在广泛的、可用以提升领导力的"经验资源"。

实现高弹性的第一步，就是识别哪些是最具成长潜力的经历。领导力发展专家们发现，具备以下 6 种特质的经历，有助于实现高效学习，提升领导力。

特质 1：承担新职责

每面对一件新事情，都是一次重要的学习机会。在处理新事情的过程中，你可能会被要求掌握非常具体的能力。比如，负责一次团建、转变工作职责、从线下教学转变为线上教学、负责策划一次产品发布等，这些具体的新工作往往会要求你全面提升工作效率与能力。面对全新的场景，你不得不走出舒适区，尝试新的行为模式、新的方式方法，并将新做法与已有体系进行融合。正因如此，涉足全新领域、承担新职责的经历，会极大地激发个人成长潜力。

特质 2：引领变革

人们常说，若想深刻理解某件事，就要试着去改变它。无数负责过机构变革任务的领导者都对此颇有共鸣。如果你需要负责某项变革，那么不管是部门重组、带领团队进入新市场，还是游说城镇议会增加公平住房机会，你都一定会学到很多。要想实施变革，首先就要深入了解现状以及现状形成的深层原因。其次需要搞明白为何有人支持、有人反对，以及造成这种差异反应的心理与情感因素。最后要摸索出如何有效影响他们。对有理想、有抱负的领导者来说，推动变革会是最具挑战的任务，但也是最具学习意义的任务。

特质 3：负责高挑战性的任务

并非所有工作都同等重要。有些工作意味着超高的风险与回报，可能会影响组织的未来；有些工作则与个人声誉息息相关，负责人将在闪光灯下接受检视，失败将遭质疑，成功则享赞誉。帕克斯作为一家陷入困境的初创企业的团队负责人，就是这样的例子。我的一个朋友，则需要带领一家存在诸多分歧和争议的社区组织，重新规划愿景，走出困境。如果从事这类高挑战性的任务，就要集中精力去应对，但这也意味着拥有更大的成长潜力。

特质 4：承担跨界任务

如今，职场上的年轻人面临的一项重大挑战，就是需要跨专业、跨部门甚至跨机构开展工作。例如，一名中层管理者需要同时获得高层支持和跨部门协作，才能完成接手的一个项目。这名管理者在执行这项任务时，需要影响其他部门的人和团队，其中有的人甚至有充分理由反对或者不配合。这名管理者要完成这样的任务，需要调用沟通、说服、团队建设等能力，同时，还要充分了解组织内部复杂和微妙的人际关系。跨界任务能够最大限度促使你掌握复杂的技巧、建立强大的知识储备，以应对未来挑战。

特质 5：与多元并肩

当与不同种族、民族、性别，或具有不同文化背景、家庭背景、教育背景、价值观和视角的人合作时，发生误解与冲突的可能性会陡增，但也意味着有可能实现创造性的交流及富有成效的探索。在如今日益复杂、全球互联、文化敏感的世界，领导者们需要具备管理高度多样化团队的能力。20世纪90年代中期，我受邀为一家总部在美国密歇根州的企业提供培训。这家企业的分公司遍布全球，总部的高管们即将被派往海外，因此亟须培养全球化思维。然而，其中许多人甚至从未踏足美国中西部以外的地区。可想而知，这对我和学员来说是怎样的一种挑战。他们必须在有限的时间内，学会如何跟陌生人互相理解、沟通以及协同工作。在这个学习过程中，学员开始重新审视甚至质疑自己对世界的固有认知。这种学习经历对任何行业的领导者都是极好的经验。举个例子，随着人口构成日渐多元，志愿者和社区组织不仅需要了解不同的宗教习惯，还需要知道如何更有效地跟不同民族的社区组织进行谈判。

特质 6：走出逆境

对于大多数人来说，逆境在一开始可能让人抗拒。这意味着你要在公司业务岌岌可危时勇担职责，或者要处理有极大风险的或高危的人事关系，或者是要管理一个遭到关键利益相关方反对的项目，也可能要带领一个资金不足、人手不够、资源贫乏的社区组织。不管逆境以何种方式出现，真金淬火炼，你的勇气都将在逆境中经受考验，你的潜力也将被激发和唤醒，你将走出困境，成为更优秀的自己。

我和我的高管学生做了一个练习，许多学生觉得大开眼界。我请他们分组画出简单的草图，描绘出他们生活和事业中的顶峰与低谷。然后，他们需要与其他小组分享、讨论这些难忘的经历，包括情感、价值观和学到的教训等方面。最后，这些高管发现，他们最重要的经验教训竟然都来自职业生涯的低谷，而不是顶峰。这很讽刺，因为我们在一生中的大部分时间里都在试图避开那些低谷！但实际上，我们往往是在克服困难、重塑自我或解决逆境中的问题之后，才吸取了教训。

人力资源专业人士喜欢这些能促进个人发展的经历。许多有所了解的人也开始热衷于安排各自公司的高潜力员工从事能获得这种经历的工作。然而在实践中，他们忽视了一些重要问题。接下来的内容将重点讨论这些问题。

从高挑战性任务中获取经验

领导力发展专家们从未停止思考高挑战性任务的经验是如何提升学习效果的，他们试图通过实验研究，来证明从具有挑战性的任务中学习到的经验能够在多大程度上帮助员工成长为领导者。在两项研究中，研究者要求员工根据自己所面临的挑战对工作能力的提升有多大帮助进行评分。随后，由外部观察员对员工领导力的提升程度打分。通常，由直属上司担任外部观察员。

在一项研究中，莉萨·德拉戈尼（Lisa Dragoni）发现了一对正相关关系：员工经历的挑战越大，直属上司对员工的领导力评价就越高。德拉戈尼的研究结果还表明，影响员工能力评分的是挑战的难度，而不是工龄长短。

另一项研究的结果则略有不同，给过于乐观的研究者提了个醒。与德拉戈尼一样，斯科特·德鲁（Scott DeRue）和内德·韦尔曼（Ned Wellman）的研究也表明，高挑战性的任务对个人技能的提升、能力的发展具有积极作用。同时，他们还发现，随着任务难度的提高，可获得的成长优势实际上在减弱。也就是说，挑战难度达到某种程度后，这种任务便丧失了促进成长的作用。德鲁和韦尔曼认为，人们面临过度超越自身能力的任务时，很可能因焦虑而放弃。这种情况常发生在需要运用人际交往技能的任务中，而需要提升认知和优化商业技能的任务，较少发生这种情况。**努力实现个人成长是一件好事，但我们也要清醒地知道还存在效用递减的情况。**

尽管德鲁和韦尔曼提出了警告，但大多数专家认为，任务越能体现上述高挑战性的特质，提供的学习潜力就越大，当然前提是你有足够的学习动力。

你可能会认为，具有学习动力是理所当然的事，毕竟，大多数人都希望提高自身领导力和工作效率。但这种愿望是不会自动转化为学习动力的，对从经历中学习来说尤其如此。这时，学习动力就异常重要了。如果你能意识到，某项任务虽然挑战性巨大，但过程中的经验能让你受益匪浅，那么你会更有动力去缩小能力差距。杰夫·帕克斯在初创企业的成功就得益于这样的动力。在其他情况下，成长的动力可能来自痛苦与自我怀疑。这时，如何避免负面结果，就成了学习的必要动力。

领导力发展领域的大多数研究学者都得出过同样的结论：当学习动力很强时，从高挑战性的任务中获取经验是发展领导力的最佳方法，甚至是唯一有效的方法。高挑战性的任务能让具备充足学习动力的人在真实的场景下发展领导力和提升效率。

经历不会主动教你，你要主动去学

要想培养优秀领导者或提升个人效率，仅仅让有学习动力的人完成充满挑战的任务，接受压力测试并提升自己，就万事大吉了吗？答案并不那么简单。

事实上，领导力发展专家们和他们推崇的方法只解决了一半的问题，另一半的问题需要发挥高弹性的力量来解决。也就是说，经历本身并不会主动教你，你需要主动去学。比如，有同样经历的两个人，最终的所学所得可能会天差地别。这是基于简单观察就能理解的常识，也是高弹性法则的核心。为什么有些人能从经历中获得更多？人们在筹备阶段、经历挑战及复盘时，可以做哪些工作，才能够加强和深化学习效果？

从个人经历中汲取更多学习成果、观点和技能是优秀领导者的重要品质之一，也是高效能人士区别于普通人的关键素养。这一洞察来自亚当·布莱恩特（Adam Bryant），他是全球与顶级机构 CEO 对话最多的人。他在《纽约时报》上开设了一个专栏——"角落办公室"（Corner Office），专栏每周会刊登他对一位 CEO 的采访内容。通常，CEO 们需要回答的固定问题是："如何才能成为一位 CEO？通往顶峰的道路是什么样的？"这些问题似乎在暗示，通往制高点是有一条明确路径的，也许一系列的任务或挑战可以塑造出21世纪的商业领导者。

布莱恩特否定了这个假设。布莱恩特说："并没有所谓的'正确之路'。CEO们能够充分利用所有经历。他们有一个共同特点，就是不管做任何事，他们都能最大限度地从这些经历中获取经验价值、持续学习。"

如今，有越来越多的学者认同布莱恩特观察得出的真相。他们发现，无论是成为企业的优秀领导者，还是为社区、家庭或世界带来积极的改变，个人发展的关键都不在于工作的高低贵贱，而在于如何从经历中不断学习。著名学者小摩根·麦考尔（Morgan W. McCall Jr.）提供了领导力发展领域的最新证据：当个人积极主动地从经历中学习时，个人的发展提升更显著。组织可以创造学习氛围和环境，投入资源并提供支持，但个人最终还是要靠自己，充分利用学习的机会并实现成长。

这个发现也许让人沮丧，它意味着成长与收获不可能在日常的经历中"自动发生"。但从积极的角度看，这个发现让人充满希望。**你不必再等待被组织认定为高潜力员工，也不必等待负责跨国工作之类的高难度任务，更不必等待组织为你分配高风险、高回报的任务，你可以化被动为主动，利用目之所及的任何机会，去成长并最终成就自我。**如果你能认识到这一点，那么何时都不晚，不管你是初入职场的毕业生、职场新手，还是刚升职的新晋管理者，抑或是企业高管，你都可以从日常生活中寻找提高工作技能和个人效能的机会。你只需要有学习的决心，就能从经历中汲取最大的意义与价值。

杰夫·帕克斯依靠自己的天赋和本能，从带领实验室团队走出困境的经历中汲取了价值。但是，绝大多数人在面对类似考验时，会陷入痛苦挣扎，比如，在一个充满挑战的环境中孤立无援地开拓新业务。有些人可能在挫败感中挣扎多年，经历连番打击才最终取得成功；也有些人不得不在遭受失败后放弃。

经历，是强大的成长教育工具。但我们不能靠碰运气，我们需要更积极主动地干预个人成长学习过程。这就是高弹性法则的意义所在。

在日常的经历中保持觉知

从经历中学习的过程始于觉知。在这里，我并不是要建议你频繁地通过冥想来平复心灵，而是指觉知的第二层意思：在经历中保持全知全觉，对当下正在发生的事保持积极主动的关注。实际上，要做到全知全觉非常难。

大脑是难以捉摸的，所以我们很难做到觉知当下。通常，我们的大脑会忙于计划未来，或者被往事牵绊。大脑通常被幻想、焦虑、"八卦"、猜忌，以及鸡毛蒜皮的琐事或新闻占满，鲜少能真正关注当下。

我们当下生活的世界干扰不断，最严重的干扰来自智能手机，绝大多数人因此无知无觉、浑浑噩噩地度过了一生。进食的时候，不知所吃何物，食之无味；乘车的时候，忽略了沿途的风景；紧张的差旅行程，常常让我们在酒店房间中醒来时，忘记自己身在何处、为何在此。

我们经常会有无觉知的时候。哈佛大学心理学家埃伦·兰格（Ellen Langer）设计了一个巧妙的实验，揭示了这一现象。通过这个实验，兰格发现，人们更容易允许陌生人插队使用共享复印机，而这些陌生人只需要给出一个理由，甚至是一个荒谬的理由，比如"因为我需要复印"，就够了。我的一些教授同事从中受到启发，总结出了一个提升影响力的技巧：如果在提出某个需求的时候使用"因为"这个词，那么得到不假思索的肯定回复的概率就会大大增加。

无觉知会引发从经历中学习的负面效果，甚至会导致危险与死亡。在我所任职的斯蒂芬·M. 罗斯商学院，一场悲剧就源于这个坏习惯。那时，一座大楼尚在建造过程中，工人们需要在下班后将电梯开至顶楼并锁好。第二天早上，工人们需要爬楼梯到楼顶，打开电梯后，先步行下一层楼，再乘坐电梯。但在某一天，一名工人打开电梯后，却下了两层楼，他打开电梯门后，直接踩空，摔死在电梯井中。

生活中有诸多力量会阻碍我们从经历中学习。大多数职场人，特别是企业高管，都异常忙碌，他们穿梭于各种会议中，不停接电话、回消息、回邮件，手机不离身，而且每天要面对形形色色的人，还要处理繁杂的事务——从员工绩效、平衡预算到战略规划等。大多数商界人士都没时间反思、复盘，觉知当下。高管并不是唯一在忙碌中挣扎的人群，非营利组织、医疗机构、教育机构的从业者，以及艺术家、演员、志愿者、活动家莫不如此。与一位需要抚养孩子、兼顾工作，而且还是在两个社区委员会任职，并要筹建一个新的非营利组织的年轻妈妈相比，他们的处境并无不同。年轻妈妈狼狈地转换角色，奔波于各场会议之间，忙到几乎没有时间吃饭，更不用说反思了。对高管和年轻妈妈们来说，在日常生活中保持觉知以提升学习能力同等重要，但这并不容易。时至今日，几乎所有领域的人们都受到了这种奋斗文化的驱使，而无法放慢脚步去觉知当下。

管理大师吉姆·洛尔（Jim Loehr）和托尼·施瓦茨（Tony Schwartz）指出：

第1章 拥有高弹性，经历才能成为你最好的老师

"伟大的运动员的成功秘诀都是台下十年功、台上一分钟。"如果你的孩子参加了游泳或田径训练，你就会明白这个道理：每天在游泳馆或田径场上进行超长时间的练习，仅仅是为了比赛的几秒钟。但与此不同的是，洛尔和施瓦茨提到："高管们和参与社区管理的父母们没有时间'训练'，而是直接'上场比赛'，难怪他们会反复陷入同样的困境。"

现实中的这些例子，让我们不得不重新审视"70-20-10原则"。如果我们都以漫不经心的态度应付高挑战性的任务，或没有周全的计划将这些经历转化为成长的源泉，那么这70%的进步力量就被浪费了！

通常，领导力发展与个人提升来自经验的积累，但人们越来越认识到，这种成长并非自然发生，而是往往得之偶然。要想解决学习低效的问题，就要掌握结构化的方法，本书后续的章节将为你详细阐释一些方法。

结构化的方法能够帮助你持续学习与成长，并养成习惯。只要掌握了这个方法，你就会得到赋能，在整个职业生涯中，不断提升工作技能与领导力。不管是承担高挑战性的工作，还是承担压力较小的工作，你都能够不断提升学习效率，实现成长。

高弹性法则也可以为组织赋能。如果组织广泛采纳和应用这个方法，组织文化就会发生巨大改变，高效学习与成长将成为普遍现象。正如莫尔豪斯学院前校长戴维·托马斯（David Thomas）所强调的那样，"土壤，才是关键"。也就是说，组织的环境与文化才是关键。组织要为每一名员工提供相应的学习与提升的工具，才能促使他们每个人都致力于个人成长，从而使整个团队实现显著和快速地成长。本书的最后一章会重点讨论组织如何通过培养出更多自主、自强的领导者，获得巨大收益。

人生高弹性法则　　THE POWER OF FLEXING

THE POWER OF
FLEXING
**高弹性
行动指南**

1. 通过 6 种特质识别最具成长潜力的经历：承担新职责、引领变革、负责高挑战性的任务、承担跨界任务、与多元并肩、走出逆境。
2. 从高挑战性的任务中获取经验是发展领导力的最佳方法，甚至是唯一有效的方法。
3. 成长与收获不可能在日常的经历中"自动发生"。你可以化被动为主动，利用目之所及的任何机会，去成长并最终成就自我。
4. 在经历中保持全知全觉，对当下正在发生的事保持积极主动的关注。

THE POWER OF FLEXING

How to Use Small Daily
Experiments
to Create Big Life-
Changing Growth

第二部分

获得
高弹性的 6 大步骤

THE POWER OF FLEXING

How to Use Small Daily Experiments to Create Big Life-Changing Growth

第 2 章

步骤一，调校心态，从表现心态转向学习心态

正确的心态对从经历中
学习并实现成长至关重要。

第 2 章　步骤一，调校心态，从表现心态转向学习心态

　　道格·埃文斯（Doug Evans）是一位才华横溢的戏剧表演项目负责人，曾在康涅狄格州政府部门工作。埃文斯飞行了 12 小时才抵达北京的机场。因为他接受了一项任务，要在中国 25 座城市巡演一出百老汇经典剧目。他熟悉演艺圈，为中国观众带来精彩的节目不在话下，但这是他第一次来中国，他一句中文也不会，对中国独特的文化背景也知之甚少。这一切都让他不知所措、望而生畏。

　　埃文斯在这种高压心理下，很有可能变成一个阴晴不定、难以相处的领导者，但他知道可以有其他选择。他说与其深陷困境、情绪不稳，他更愿意成为那个扭转局势的人。他选择将人生中压力最大的一些时刻想象为冒险。每当遇到困难时，他就跟自己说："这是一次学习机会，不管看上去有多难，我都能利用这次机会获得巨大的成长。"每当面临全新局面时，他就告诉自己："这能有多难呀""试试看，有何不可"。

埃文斯很早就发现，在和他人打交道时，"为什么不"是一种有效的思维方式。他的第一份工作是在康涅狄格州首府哈特福德市的州长办公室，他负责运营一家价值数百万美元的表演艺术中心，并使之扭亏为盈。这家表演艺术中心多年亏损，团队人心涣散，犹如一盘散沙。他回忆道："当时我27岁，完全不知从何入手。后来，全凭自己的直觉，我看大量的书，摸着石头过河。"

埃文斯不得不与一些官僚共事，后者深谙政府机构复杂的规章制度与人际关系。埃文斯接手了一项他从未想过要做的全新任务，他提出的解决方案看似合情合理，但有悖政府的常规程序。同事们常常对他说："你不能这么干。"

每当埃文斯反问"为什么不可以"时，他从未得到过正面回答，仅仅是一句搪塞："因为我们从未那样干过。"他意识到："那就是敷衍。之后，我才明白他们之所以说我不能那么干，是因为我打破了先例。"

埃文斯经过坚持不懈地努力，最终扭转了表演艺术中心严重亏损的局面。他从这段在州政府工作的经历中体会到"为什么不"的力量。从此，他将看似不可能完成的任务当成冒险，不畏挑战、成功应对并从中获得了成长。接到在中国的巡演任务后，他以同样的精神沉着应对在中国的"冒险之旅"，并丝毫未影响到个人声誉、事业和心智。

在高管培训领域，最强有力的一条格言是"你所看到的风景，取决于你站在哪个窗口"。我们无法做到毫无差别地看待世界，因为每个人都是通过各自的视角和框架看待世界的，所以我们对周围世界的理解是不一样的。我们对他人的看法、对当下的理解，以及做出的反应，很大程度上取决于如何定义或框定他们。

我们的期望、假设、偏见等会影响我们所看到的、所关注的一切及我们的反应。因而，如何定义或框定我们的经历非常重要。

仔细观察我们的认知是如何被他人定义或框定的，就不难发现定义或框定的力量。所有热衷于输出观点或推销产品的人，从政治家、领导者到营销人员，都深谙此道。广告营销大师们巧妙地影响着消费者对不同物品和事件的看法。商家花巨额营销费用，通过大量的广告制造了"饮酒等同快乐"的认知。

商家有时简单地换个词语，消费者对事情的理解就会发生变化：消费者会购买"含95%瘦肉"的牛肉馅，而非"含5%脂肪"的牛肉馅；"95%有效"的避孕套会被购买，"5%无效"的避孕套则会被束之高阁。由此可见，产品相同，不同的只是定义的方式。

我们如何定义或框定事物并不仅仅被动地受别人影响，有时候也取决于自己。幸而，我们有办法自主地定义个人经历。如何看待周围所发生的一切，会影响我们的想法、感受及行为。

埃文斯将经历定义为冒险，为经历中的每个细节赋予了全新的意义。我们如何看待自己的经历，会对在此过程中我们的想法、感受和行为产生重大影响，而且最终决定了我们能否保持高弹性并在经历中学到更多的东西。

在某种程度上，定义或框定来自我们大脑里喋喋不休的声音。我的小女儿马迪非常不喜欢滑雪，但因为我丈夫和大女儿艾莉对滑雪十分痴迷，所以马迪不得不经常和我们一块儿去滑雪。

与厌恶滑雪相比，马迪更讨厌坐缆车。她 6 岁时，不再害怕坐在高高的缆车上，却最害怕下缆车的一瞬间。她坐在缆车上时，不停地自言自语或者跟旁边的人"碎碎念"："我肯定会摔！我肯定会摔！"当她要下缆车时，果不其然，她对自己下的"咒语"应验了。

坐了几轮缆车之后，我建议她："马迪，要不你试试将'咒语'改为，'我能滑走！我能滑走！'看看会如何？"她在下一次乘坐缆车时尝试了新"咒语"，果然成功地滑走了。

定义或框定自我经历的方式，尤其是如何面对困境，会赋予这段经历不同的意义。马迪改变了她对自己下的"咒语"，结果也随之改变。从那之后，虽然马迪还是偶尔会摔跤，但她会更积极地看待摔跤的经历，而不是更害怕坐缆车。每个人都可以适时改变对自我境遇的理解方式。

简·达顿（Jane Dutton）是一位管理学学者，研究战略决策者如何将所面临的问题定义为危机或机遇。在新冠疫情暴发的隔离期，她遇到了同样的抉择。当时，由于她任教的班级中有 70 人隔离，她不得不将授课方式从线下改为线上，她下意识的反应是："真不敢相信，我要开始上网课了，这简直是噩梦。"

直到某一天，她决定改变自己的心态，并定下目标："我要做出努力，为学校老师和学生做出贡献。"一念转，万事变。这就引发了第二层心理变化：从关注自己的感受，转向关注学生对上网课的失望与不安。她不再苦恼"什么时候才能结束线上授课"，而是开始鼓励自己："我要成为学生的榜样，适应变化，充满勇气，与学生共度时艰。"她转变了观念，开始尝试不同的教学方式，结果线上授课的效果大大提升。

第2章　步骤一，调校心态，从表现心态转向学习心态

表现心态与学习心态

人们定义或框定事物最常见的视角就是表现心态。人们接受任务与挑战的目的往往包括展示自己的技能和能力。表现心态在商业环境中尤其普遍。很可能持这种心态的人如今已有高成就，但应就此止步，否则可能会适得其反。

研究表明，表现心态过分强调规避失败，同时过于关注自我表现，这往往会降低绩效。更重要的是，表现心态除了阻碍绩效的提升，还不利于学习成长。持表现心态的人追求短期成功，侧重于向他人证明自己的领导力与能力，不再尝试真正有利于自己学习与提升的行为。反观道格·埃文斯，他不急于证明自己，而是将困难的局面当成冒险，大胆提问、从更多渠道获取信息、承认自己的无知、向他人寻求反馈等，这些做法都促进了真正的成长。

表现心态在商业环境中十分普遍，人们不假思索地采取这种心态迎接新挑战，浪费了一次次从经历中学习的机会。虽然人们都希望在工作中有出色的表现，但是，从表现心态的视角出发，仅仅是想向他人展示自己的优秀，就不会选择能够真正提升个人能力的行为。为了不被别人认为愚蠢，你取消了演讲后的问答环节；为了回避负面信息，你不会寻求反馈。结果，当你再也无法回避挫折时，你将很难适应现状并克服困难。

面对挑战时，你与其受限于表现心态，不如转向学习心态。采用学习心态，你就能培养学习和发展的思维，并以此获得经验，这有助于你为运用高弹性法则做好准备。

30多年来，心理学家卡罗尔·德韦克（Carol Dweck）专注于研究定义或框定如何对个人的学习与成长产生影响。她研究的重点是人们如何看待自己的天赋与才干，包括智商、执行力、谈判能力和领导力。一部分人认为能力是固定的、一成不变的，体现了"人的能力是与生俱来的"这种认知，另一部分人则认为能力是可塑的、动态发展的。德韦克的研究表明，无论是未成年人还是成年人，这两种认知的不同选择都影响深远。

正确的心态对从经历中学习并实现成长至关重要。这也是高弹性法则的出发点。你看待能力的心态会形成一种倾向，影响你的表现。如果你认为能力是固定不变的，那么你所有的注意力将集中在展示让你心虚的能力上。换言之，你以一种想证明自己很棒的心态应对所处局面。当面对挑战时，如果你相信自己的能力和智商都是一成不变的，那么你会认为需要证明自己能够胜任，从而向别人证明你是才华横溢的。将这种"能力是固定不变的"心态稍微延展一下，就会演变为"做事的重点是不惜一切代价规避风险"。

这种表现心态，使人们做事的目标变成证明自己足够聪明、有才华、老练，比别人更优秀，并不惜一切代价避免失败。具有表现心态的人热衷于证明自己足够优秀，并尽力掩盖自己不足的一面。

学习心态则基于不同的认知。研究表明了这种认知相对更正确：人类的能力是可塑的，通过经验的积累、反复的训练、反思与学习，能够不断地增长精进。通常，人与人的能力确实参差不齐，比如在数学、写作与表达等方面，总有些人天生就更优秀。但同时，我们也必须知道，每个人都能够不断地提升自身水平，尤其在个人技能方面。本书探讨的内容正是我们能够通过何种方式有效学习并掌握这些技能。

第 2 章　步骤一，调校心态，从表现心态转向学习心态

具有学习心态的人会从经历中寻找学习的价值。如果你拥有这种心态，就会努力提升个人能力，尝试做得比过去更好。但这并不意味着具有学习心态的人不在乎当下的表现。他们当然也在乎，只不过对成长与进步更感兴趣，更关注能从中学到什么。**学习心态会促成能引导学习与技能发展的行为，诸如大胆提问、尝试新做法、质疑假设、寻求他人的帮助与建议、承担风险等都是高弹性法则中的必要行为。**

表现心态和学习心态都涉及"表现"，但本质不同，不要混淆二者。本书中所有的采访对象，都渴望自己在生活与事业上取得优异的表现、成就自我、不断进步。这两种不同的心态描述的是面对挑战的态度。当面对挑战时，具有表现心态的人呈现更紧绷、焦虑甚至恐惧的状态，具有学习心态的人则更松弛、更轻松、更能掌控局面。

让我们根据一个现实中的例子，来理解不同心态的本质以及它们是如何影响从经历中学习的效果的。我的二女儿汉娜从一所名校毕业后，在为美国而教（Teach for America，下文简称 TFA）这家知名的非营利机构工作。TFA 专注于培养高潜力的大学毕业生，并分派他们去教育资源匮乏的地区提供两年的教学服务。这些学生不一定以教师职业为理想，但希望以这种方式回馈社会、帮助他人，为世界带来更多美好。

汉娜刚大学毕业，就于同年的 7 月加入了这家机构，12 月学校放寒假，她回家探亲。回家的第二天，她随口说："妈妈，寒假结束的第一周，我就要开始试课了，学校最有经验的两位老师会连续两天旁听我讲课。"她解释道，试课是每一位支教教师必经的重要一关。对大多数第一次走上讲台的新手教师来说，这不是一件容易的事。可以想象，汉娜在跟家人过节期间，不得不操心迫在眉睫的试课，还要考虑很多事情。

汉娜的心态在很大程度上决定了她如何度过寒假,还影响了她的想法、感受和行为。如果汉娜选择了表现心态,她将会视旁听老师为潜在威胁,不停地焦虑。在这些情绪的裹挟下,她认为仅证明自己能胜任是不够的,还要让学校认为自己是有史以来聘用过的最好的教师之一。她很可能会在假期花费大量时间,绞尽脑汁地准备一堂课,好让旁听老师发出惊叹。当假期结束返校后,在试课这个重要时刻来临前,她可能会感到非常紧张,两周的备课让她更加意识到试课有多么重要。

但汉娜也可以采用学习心态,将这次试课当作机会,而非威胁。毕竟旁听老师是学校最有经验的老师,他们宝贵的反馈将帮助汉娜持续改善她的教学工作、提升能力。她会减轻焦虑。试课的准备工作必不可少,但也绝对不需要准备两周。因为她不焦虑,所以试课效果会更好,她将以更自然、更轻松的方式与学生们互动,从容地应对突发情况或问题,不会因为担心自己的表现而显得死板、拘谨。

最重要的是,如果汉娜对即将到来的全新经历持学习心态,那么她会踏踏实实地真正学到东西。她将专注于扩展知识面而不是专注于展示自己,她还能更好地吸纳反馈,而不会激起愤怒和防御情绪。因为旁听老师会根据她在试课中真实的表现,给予她更客观的评估,所以她能够更好地利用反馈提升自己的教学能力。毕竟,没有老师会花整整两周的时间去备一堂课。

汉娜的例子说明,即使面对一个短期目标,持学习心态也有利于表现得更好。相比之下,过分专注于证明自己的优秀往往会适得其反。当你过于努力地去证明自己最棒的时候,通常会奉上最差的表现,这真是讽刺。

实验数据证明了这一洞察的合理性。心理学家劳拉·克雷（Laura Kray）和迈克尔·哈兹尔休恩（Michael Haselhuhn）进行了一项研究，测试了表现心态与学习心态对谈判的影响，两组商学院的学生参与了测试。克雷和哈兹尔休恩发现，尽管两种心态的学生对自己的期望都很高，但拥有学习心态的学生在不同的谈判情景下以及最终在这项课程中，获得的成绩都比拥有表现心态的学生更好。心理学家将这归因为：拥有学习心态的人更坚忍，也能更好地应对挫折。

其他研究也得出了相同结论。倾向于表现心态的人在面对挑战时，表现出更严重的焦虑感和信心不足。虽然这种心态在某种程度上有助于取得成绩，但积极的帮助非常有限。相比之下，倾向于学习心态的人均反馈他们较少焦虑，学到了很多东西，业绩提升显著。实际上，他们比拥有表现心态的人的表现棒多了。后者强调对失败的规避，但代价是高昂的，会导致严重焦虑、信心匮乏和表现不佳。可以说，担心失败会导致更多的失败。

以上总结的研究结果是由第三方而非当事人完成评估的。换句话说，并不是忧心失败的人承认自己的失败，失败有一个客观评价标准，专注于避免失败的人最终会表现不佳。这个结论是由观察者得出的，并不受任何思维方式的影响。因此，心态很重要。**越是以表现心态来应对即将到来的挑战，你能学到的东西就越少。**

不过，最新出炉的综合统计研究对两种心态在不同研究项目中的影响进行了分析，确定了上述结论仅在特定条件下有效。首先，通常在复杂任务中，表现心态让从经历中学习的成效大打折扣，但不会影响相对常规和简单的工作。其次，当环境变化相对缓慢、事情进展相对顺利时，持两种心态的人们的表现并无二致。总的来说，在稳定或变化缓慢而简单的环境中，人们采用任何一种思维方式来应对简单任务都是有效的。

如今我们通常处于复杂且快速变化的环境中，稳定或变化缓慢而简单的环境相对少见。随着我们的职业发展，尤其是在职位不断上升的时候，表现心态尤其不可取。人们初次面对艰巨任务时，犯错误、经历挫折与失败是常态。拥有表现心态的人在这种重压下很容易崩溃。由于焦虑和对失败的恐惧，他们往往会退缩，并拒绝吸收能帮助他们改进的信息，只想着如何早日解脱。相比之下，具有学习心态的人在面对挫折时，会加倍努力，寻找改进的方法，坚持不懈。

综合统计分析再次证明心态的重要性。**学习心态在增强学习效果的同时，可以控制焦虑并提升表现。**习惯了用学习心态做事的人，可以做到鱼和熊掌兼得：既能在当下取得成就，又能获得成长，不断储备新技能和知识，这些技能和知识还为将来取得更大成就打下了基础。

你的心态也会影响自己与他人的互动方式。让我们来看看梅甘·弗曼（Megan Furman）的例子。弗曼刚开始工作时，在一家开发软件程序的初创软件公司就职，并担任重要职位。她被同事誉为"问题终结者"，负责公司每项似乎不可能完成的重大任务。有一次，她负责指导客户上线一个重要的软件包。她带领一个由软件开发人员、工程师和服务代表组成的多达75人的团队，现场教客户如何使用该软件。

弗曼当时采取了表现心态。作为一名年轻的负责人，她非常迫切地想向上级证明她擅长领导团队。弗曼面临的是一项艰巨的任务，她事后回忆发现自己的表现心态使问题更棘手。她渴望掌控项目的所有细节，因此采取的是微观管理方式，而不是鼓励同事自主承担责任并创造性地解决问题。她在负责这个项目的两年里感到精疲力尽,陷在极度焦虑的泥淖中不可自拔,其中一部分原因就是她用表现心态做事。有一次,压力重重的她犯迷糊,甚至把自己误锁在约旦的一个军事基地洗手间里。这次事件的发生犹如当头棒喝,她知道自己必须解压,刻不容缓。

弗曼最终完成了这项任务,她为团队能够为客户提供支持感到自豪。她也从中理解了将表现心态转变为学习心态的重要性。她现在能有效运用学习心态,已具备领导更大的团队的能力。在这种心态的积极影响下,她邀请团队成员充分表达各自应对问题的想法,而不会自己霸道地抛出解决方案。她变得善于向周围的人学习,不再像过去拥有表现心态时那样,更注重证明自己的能力。

学习心态,让你事半功倍地享受成长

你读完上文对两种心态的描述后,可能发现自己正处于其中一种心态。我们对不同心态的倾向受众多因素的影响,包括家庭、学校和职场。我们各自的心态成为我们在面临挑战时下意识地做出的默认反应。

幸而,每个人的心态不是一成不变的,我们可以选择和转变心态。心理学家在实验中已证实短期心态诱导对参与者的有效性。这表明,个人在日常生活中可以转变心态。本书介绍的高弹性法则,就可以让我们在面对某项任务、活动或情景时转变心态。我们要先观察自己对即将发生的事件的态度:是将其作为一项可能会暴露自身弱点的测试,还是当成一次尽己所能、有所收获的机会。

根据高弹性法则，我们要充分利用这样的机会，将自己的表现心态调整为更有成效的学习心态。通过提醒自己更关注学习潜力，以及意识到对新想法保持开放心态的重要性，你可以转变心态。

如果你成功转变了心态，就有动力在未来面对不同事件的时候多次调整心态。长此以往，全新的思考方式将潜移默化地成为习惯，正如下文要介绍的一位专业人士的成长路径。

卡林·斯塔沃基（Karin Stawarky）在成为一名高管教练之前，是一家管理咨询公司的合伙人和高管。她发现了不同心态对于彰显个人影响力的重要作用。她的工作表现一向出色。大家高度评价她善于分析事实，形容她自信、沉着、擅长表达。但有一天，一位同事的评价使她意识到自己的心态实际上对工作产生了负面效果，尤其是在她进行小组报告时。她的同事说："当你站在办公室前面时，另一个斯塔沃基就出现了。虽然这个斯塔沃基同样聪明，但她让人产生距离感，让我无法亲近。那个真实的你的热情温暖、拥有同理心和富有感染力的笑声都不见了。"

斯塔沃基经过深刻反思，意识到她太专注于为客户提供优质有效的信息，反而忘了另一个重要目标：帮助客户结合她分享的信息去采取正确的措施。究竟是什么让她忽视了这个目标呢？与诸多专业人士一样，她担心自己不够优秀。同事的评价也说明，这种恐惧反而不利于她的真实表现。斯塔沃基由于太希望通过自己的才智和专业知识在客户面前赢得声誉，而忽视了与客户建立个人关系和情感连接的必要性。因此，她对表现心态的过于关注导致她当时无法取得更非凡的成就。非凡的成就需要更真实、完整的斯塔沃基去实现。

斯塔沃基开始着手改变她的职场表现和沟通方式。尤其在与客户交流的过程中,她有意识地转变自己的心态。在计划实施阶段,她意识到自己以前关注的要点是"我如何向客户展示我的聪明才智",随后她将重点调整为"我如何理解客户在个人和专业上面临的挑战,并帮助他们更有效地应对"。换句话说,她有意识地从表现心态转向了学习心态。她说:"我意识到会提问是一项超级棒的能力。"她在和客户会面时能够提出新观点,变得更开放、更好学、敏锐。她得到了启发,知道要少说话、多倾听、充满好奇心;思考客户只言片语背后的潜在信息;及时寻求客户反馈,以便判断自己的关键见解是否对他们有用。

在这个案例中,斯塔沃基改变心态的动力来自一位同事的评论,她由此意识到自己在工作上的不足。在其他案例中,心态的转变往往发生在面临巨大挑战的时刻。

在第 1 章,我们讨论了领导力发展专家从研究中得出的最具成长潜力的经历具备的 6 种特质,包括承担新职责、引领变革、负责有挑战性的任务、承担跨界任务、与多元化并肩、走出逆境。但同时,高挑战性任务很可能让我们退回更熟悉、更舒适的表现心态。不过,这反而恰恰说明了学习心态对于我们在应对重大挑战时的重要性。在面对重大挑战时,学习心态将给我们带来巨大的回报。

第 1 章也提到了领导力发展专家莉萨·德拉戈尼和同事们的一项研究,德拉戈尼研究了 200 多名尝试发展领导力的年轻人。她发现,当参与者描述的任务具备的这些特质越多,直属上司对他们在领导力素养方面的评分越高。也就是说,高挑战性任务激发了年轻管理者的潜力,直属上司更有可能看到他们的能力。

德拉戈尼还从研究中得出另外两个重要结论。首先,她发现具有学习心态的人比持表现心态的人更频繁地参与高挑战性任务。这表明，如果你更看重学习和成长，那么你会在挑战中学到更多。其次，她还发现具有学习心态的人在经历挑战后，更容易被评为领导者。换句话说，学习心态帮助他们实现了成长，他们在领导力方面的进步更容易被看到。

在某些情况下，选择采取学习心态异常困难。梅甘·弗曼在负责软件上线工作时，她的主管经常打电话询问工作是否按时完成，并对任何延误表示不满。也许是外部压力过大，她只能拼尽全力去证明一切顺利。忙碌的她自顾不暇，很难处理好信息和正确地寻求帮助。那时，她需要保持更开放和包容的心态，但迫于压力，她采取了相反的措施，最终拖累了她和团队的工作。

弗曼处于高压力、高风险、对错误与失败零容忍的工作环境。在那种环境中，绝大多数人不得不选择表现心态。我为了撰写本书，对她进行了采访。在采访过程中，我发现，她在由表现心态主导的文化中试图保持学习心态，由此产生了强烈的情感波动。她在描述那段经历时，身体僵硬，脸色发红，还从我的桌上随手抓起一个小物件，紧紧抓在手里不放。相比之下，她在谈及目前的工作和所采用的学习心态时，身体明显放松了。她说："现在我能充满热情地对待工作。我还能从同事身上学习到很多东西……处于这样的学习氛围中，我就是最好的领导者。"

学习心态的价值不仅体现在掌握复杂的领导技巧上，还体现在处理日常事务中。莉萨·沙莱特（Lisa Shalett）是一名金融专业人士，致力于为成长型公司提供咨询服务。自15岁开始，她便培养了学习心态，这对她日后的生活产生了至关重要的影响。15岁那年，她在一次比赛中赢得了国际学生交流组织的奖学金,在一个日本家庭寄宿了三个月。

沙莱特不会说日语,她的寄宿家庭成员也不会说英语。除此之外,很多小事也让她难以适应。她对鱼过敏,而鱼是大部分日本料理的主要食材。因为她个子很高,几乎比所在社区的任何人都高,所以看似简单的在餐厅点菜或调节浴缸水温等小事,都变得很麻烦。

在那种环境中,沙莱特不得不采取学习心态。她必须学习一切新事物,并重新学习所有原来已懂得的事情。她必须心怀谦卑,不怕犯错,不怕做蠢事。因为当你置身于一个全新的世界时,除非勇于尝试,否则难以有所作为。

沙莱特说:"今天当我回顾那段旅程时,我认为在日本的寄宿生活是我形成终身进步与发展的信念的起点。从那时起,这个信念帮助我在工作和生活中不断学习。每一次经历,无论大小,对于我而言都是一个潜在的学习机会。"

有时,一份新工作也能够让人们意识到心态转变的必要性。戴维·麦卡勒姆(David McCallum)出人意料地被聘为纽约锡拉丘兹勒莫恩学院的马登商业与经济学院院长。该校校长和教务长,甚至主要捐赠人都力荐他担任院长。

但麦卡勒姆对他是否应该接受这份工作心存疑虑。他说:"我不是商界人士或搞量化分析的研究者。我的学术背景是成人学习和领导力。我不禁自问,'我对于如何成为一名优秀的商学院院长,到底了解多少?'但随后我想到自己多年来一直在领导力发展领域授课并撰写评论,现在正是往前迈一步、成为一个真正的领导者的好机会。如果不接受这个机会，我对领导力的理解将永远停留在理论层面，而非来自实践。如果拒绝这份工作，我可能会后悔一辈子。那为什么不试一试呢？"

最后，麦卡勒姆接受了这份工作，坚持了长达两年的高强度学习。这次经历具备第 1 章描述的高挑战性任务的特质。对这项新工作如何认知至关重要，因为他发现自己"每天都在跟着感觉走"，没有明确的方向。他说："我每天都在学习。我学到了新技能，学到了如何管理学术商业项目，也更深刻地了解了自己。"

就像初学滑雪者担心摔跤会导致摔跤一样，麦卡勒姆偶尔也会失败。能否克服失败的关键在于心态。他甚至会刻意寻找走出舒适区的机会。他说："我想就算失败了，我也不气馁。我会负责任，尽快吸取经验教训。每当发现自己重回舒适区时，我就特意主动走出去，我认为有必要保持不断学习。"

有些人在介绍自己的职业时总是用新工作的挑战来描述。雅各布就是这样的人，他是社会企业领域的连续创业者，他这样描述自己的职业：

> 作为一名企业家，从创立公司的第一天到最后一天，我始终都是公司的创始人和最终领导者。这个身份不会因为出现新的任务而发生改变。但渐渐地，我开始领悟到，应该每年调整自己的工作性质，以应对公司每年都在发生的变化。今年好用的做法，明年不一定有效。因此我必须与团队保持密切沟通，获得反馈，并问他们有什么需要我做的。为了应对不断的转变，我需要学习很多东西。

转向学习心态的两种有效方法

怎样大力褒扬学习心态都不为过。我建议大家尽快采用这种思维方式，但到底如何才能从惯性的思维方式转向学习心态呢？

实现心态转变的一个方法是刻意修正大脑中的声音，觉察自己跟自己对话的方式。 因为高管教练卡林·斯塔沃基意识到完美主义强化了她的表现心态，让她更难接受新想法和新做法，所以她尝试克服完美主义。渐渐地，即使一开始可能会失败，她也能够更从容地尝试新的事物。但她对完美的渴望还是时常会出现。

斯塔沃基的解决办法是有意识地修正自己渴望完美的"碎碎念"。她发现，越是经常对自己说"我不完美，我接受这种不完美，我一直在变得更好"，她就越笃信这一点。有时她甚至会大声喊出这个"咒语"。她说："这就像要让自己的潜意识苏醒，用不同的方式看待世界一样。改变自己想法的方式之一，就是我如何看待自己和搞清楚我究竟是谁。"

斯塔沃基进一步解释，通过"碎碎念"，能够逐步修正那些阻碍你的身份认同感的想法。换句话说，你与自己对话的方式，会长久地影响你如何看待自己、如何定义自己。她说："假设你认为自己是某方面的大师或专家，这就是你对自己身份的认同。但当你意识到需要掌握新技能和培养不同的行为习惯时，而这些都不属于你原有的专业领域，这些变化就会威胁到你的身份认同感，你就会变得无所适从。"

研究表明，身份认同的变化通常由某些事件触发，比如工作变化或创伤，这会导致一个分离阶段。在这个阶段之后，会有一个过渡阶段，人们会探索自我，并经历斯塔沃基提到的无所适从的状态。她还解释道：

"你需要培养更开放的自我认同感，不局限于当前的身份或工作。如果能做到这一点，那么你会减少对变化的抗拒。"她的话准确体现了研究人员发现的最理想状态：你内化了新的身份，就能够保持连贯的一致的、利于成长的自我意识。她还说："这是我自己采用的方法，我也将它应用到客户身上。"

实现心态转变的另一个方法是尽最大努力爱自己。 我们在遭遇艰难险阻的时候，学习心态尤其关键。这时，善待自己很重要，我们要提醒自己这是一个学习和成长的机会，回溯过往你是如何跌跌撞撞、跌倒又再爬起来的。要让自己持续沉浸在学习心态中，而不要沦为表现心态的牺牲品。

还有研究能够证明自尊自爱对于学习和成长的价值。一系列的实验揭示了自尊自爱的参与者表现出更积极适应环境的态度和行为：他们对克服个人弱点抱有更高的希望；他们表示自己有更充分的动力去弥补过失、避免重蹈覆辙；他们还能够在考砸了一场很难的考试之后，继续有动力学习。

研究表明，一些简单的自尊自爱的小方法都能产生强大的效果。比如，回忆自爱的瞬间或者写下某次自我抱持[1]的经历等。**要鼓励自己勇敢接纳自己的弱点或失败，而不要采取自我苛责或批判的态度，这将帮你踏上自我提升、学习与成长之路。**

虽然我强调自尊自爱的重要性，但不要把自尊自爱当作低级错误或失败的借口，也不要把这理解成没有必要为即将面对的挑战做好充分准备。追求高绩效是重要且必要的，但你在做相关准备期间的心态很关键。学习心态能够帮你减少焦虑、增强信心、保持开放与探索的状态，让你

---

[1] 个体对自己的支持与接纳。——编者注

更好地从经历中学习和成长。

追求高绩效和保持自尊自爱的态度并不矛盾,这两种做法都能够提升学习心态。研究结果也表明,拥有学习心态的人在面对挑战时,更能为自己设定高标准、严要求的具体学习目标。因此,学习心态和对高绩效的追求是相辅相成的,两者可以相互成就。

学习心态对于高弹性法则至关重要。高弹性法则的特征是:你能够搞清楚为了完成新任务你需要做什么、放弃哪些习惯、培养哪些新做法。要想做好这些,你需要以开放的心态看待新任务给你的课题和他人的反馈;当你有问题时,你要愿意承认自己的困惑和错误,并从尝试和错误中学习。

当然,如果你能将复杂的、高压的问题都想象成冒险就更好了,就像道格·埃文斯那样,他把在中国难以完成的任务想象成一次掌握新技能并实现成长的机会。

上述的这些态度与行为都得益于学习心态。

为撰写本书,我采访了一位大学副校长,她总结得十分到位:"始终保持求知若渴是关键,就算已经走出校园,仍然要保持学生身份。这意味着永远有一颗好奇心,随时随地学习,而不是匆匆得到一个结论后,就关闭大脑。"

接下来,我们将讨论一系列具体的做法,帮助你将开放的心态、不断尝试和探索的态度转化为珍贵的见地与行动,知行合一,从而大幅度提升你在生活和工作中的效率与满意度。

THE POWER OF FLEXING

**高弹性
行动指南**

1. 面对挑战时，你与其受限于表现心态，不如转向学习心态。采用学习心态，你就能培养出学习和发展的思维，并以此获得经验，为运用高弹性法则做好准备。

2. 诸如大胆提问、尝试新做法、质疑假设、寻求他人的帮助与建议、承担风险等都是高弹性法则中的必要行为。

3. 转向学习心态的两种有效方法：一个是刻意修正大脑中的声音，觉察自己跟自己对话的方式；另一个是尽最大努力爱自己。

THE POWER OF FLEXING

How to Use Small Daily Experiments to Create Big Life-Changing Growth

第 3 章

步骤二，
围绕当下任务设定弹性目标

弹性目标的重点是自我成长，
而非工作成就。

第 3 章　步骤二，围绕当下任务设定弹性目标

如果你也像大多数普通人一样，每天的生活和工作中充斥着复杂又烦琐的各种任务——帮老板完成一项艰巨的工作、为社区团体组织一场活动、规划家庭开支等，你的身心几乎被它们完全占据，疲于应对，怎么可能还有额外的精神和能量提升自己呢？

幸而，高弹性法则能够为你提供帮助。虽然你的大部分精力被日常任务占据了，但以提升个人效率为目标的高弹性法则能让你有效地专注于提升自我。即使你面临的局势异常艰难，高弹性法则仍能发挥作用，支持你实现两个并行的目标：自我成长和完成当前任务。**在面对挑战、变化或潜在成长时，锚定一个弹性目标，你就可以更好地利用种种经历实现自我成长，同时成功完成任务。**

西蒙·比尔（Simon Biel）就是这样做的。作为一家消费品公司的高级人力资源经理，比尔将一项重要的新工作看作个人成长和突破的机

遇。这项新工作就是他要带领公司人才招聘委员会规划一个新岗位，并招聘合适的新人来负责领导内部创新工作。人才招聘委员会的成员包括公司内部的几位高级合伙人。这项工作简直就是为实现自我成长而设计的，涉及重要战略目标，还需要跨界合作。换句话说，这是一个实践高弹性法则的完美机会。

在委员会召开第一次会议前不久，比尔与公司的一位朋友聊天。朋友提到了自己几天前与一名委员会成员的谈话，他说："对于要和你一起工作，他有点紧张。"

"为什么？"比尔问道。

"他听说你挺不好相处的，这是公司很多人给你的评价。"朋友答道。

对于这个评价，比尔很不开心。比尔考虑到所在公司的文化环境以及与同事们相处的理想方式，认为必须解决这个问题。"不好相处"这个词暗示着冷漠、可能存在的沟通障碍，甚至会让人觉得他咄咄逼人，而比尔是在一家极为推崇平等与合作文化的公司工作！他预想到主持委员会的工作将是快节奏、高强度、高要求的一项任务，但似乎也是一个让自己变得更平易近人的好机会。因此，比尔将此设定为一个弹性目标，决定要在主持委员会工作期间实现。

比尔还设定了一个目标：这是一个任务目标，即形成一份网罗一批优秀候选人的名单。**除了完成任务目标之外，还要找到第二个关注点，把它当作弹性目标。这是高弹性法则的第二步。**

弹性目标的设定源于你渴望完善自我，想在某些领域有所成长。对

第 3 章　步骤二，围绕当下任务设定弹性目标

于很多人来说，正是这个目标激发他们开始运用高弹性法则。有的人可能仅仅因为得到了某个反馈，而希望做出改变；有的人则可能单纯希望自己有所提升，但他们都缺少一个明确的目标。无论哪种情况，重要的是围绕眼前的任务设定一个下定决心要完成的目标。心理学家认为，设定目标有利于行动的达成。换句话说，一旦你决定了想要什么东西，就更有可能采取行动来实现它。

高弹性法则将促使你书写自我成长之旅的故事，选择目的地则是成长之旅中关键的一步。

弹性目标的两大特点

弹性目标可以帮你在面临艰难情境时聚焦个人成长，让这些经历成为你吸取教训的源泉。职场人应该都明白什么是目标，目标在企业中无处不在：管理者设定季度目标，再将之细分为每周、每天的行动计划。研究结果证明，设定目标是组织实现高绩效的重要方法之一。相比只告诉你"尽力就好"，如果老板提出一个具体的、有一定难度的目标，比如将销售量提升 30%、年底前推出 6 款新产品，你往往会取得更好的成绩。

按照常规的做法，管理者会为团队设定具体的（Specific）、可衡量的（Measurable）、可实现的（Attainable）、现实的（Realistic）和有时限的（Time-bound）SMART 目标。可是弹性目标与任务目标有所不同。虽然弹性目标也具有一些 SMART 目标的元素，但其在高弹性法则中发挥的作用决定了弹性目标与任务目标是有根本差异的。

065

首先，弹性目标是我们自己设定的。从这个意义上来说，就与任务目标不同，这个目标更像是在新年之际确定的决心或追求，贯穿全年，有些目标可能会达成，有些则未必。不过，弹性目标常常源于工作，新年愿望则更私人化。

其次，弹性目标的重点是自我成长，而非工作成就。你极有可能经常为自己设定取得某项成就或者完成某项具体任务的目标，比如，掌握新的编程语言或搞定某个很难缠的客户。其中有些可能与公司对你提出的要求相重合。与公司的任务目标相比，弹性目标的目的是让你可以在工作、家庭或社区取得某项成就的同时，加深对自己的认知。**弹性目标反映的是你需要成长的方面，并非你需要完成的某项特定的任务、如何更好地完成任务。弹性目标本质上是你希望实现的个人成长与改变。**

比尔的弹性目标就很合适，他希望自己成为一个平易近人、和蔼可亲的人。我在主持高管工作坊时，经常会提一个简单的问题来帮助学员找到弹性目标："你需要做出什么改变，才能真正成为你家狗狗心中理想的你？"每位狗主人都无法忘记他们的狗狗望着他们时那热切的眼神，好像他们是世界上最完美的人。找到自己的弹性目标，就是发现自己的不完美之处，挑一个缺点来改正。

无论是管理类文献还是心理学研究，都较少涉及"自我设定学习目标"这个领域。也许是因为管理学专家更关注工作及其成效，所以他们更在乎自我设定的学习目标是否高于企业目标，或前者是否能发挥强大的激励作用。心理学家也是如此。目前，还没有任何学派关注自我设定学习目标的作用与原理，而这将是我们研究的重点。

第 3 章　步骤二，围绕当下任务设定弹性目标

当下的研究工作逐渐重视设定学习目标的重要性，包括它们对绩效提升的积极作用。当我们面对简单的任务时，设定的一个具体而有一定难度的任务目标会让我们动力十足，努力提升业绩。研究表明，当我们面对棘手的任务时，我们再设定一个学习目标会促使我们表现更优秀。例如，某个人将学习目标设定为发现并掌握至少 6 种战略措施。

理想与痛苦驱动的弹性目标

尽管从古代探险传奇故事到现代小说等文学作品早就描述了主人公对个人成长的追求，但心理学家最近才开始研究人们设定目标的动力来源以及人们如何做出选择。有些目标的设定来自人们的理想，比如，渴望自己变成一个勇敢无畏、格局开阔、意志坚定、有影响力的人。这类目标由我们的理想驱动。

另一类目标的设定则来自当下的痛苦，人们企图逃避在压力或欠缺影响力方面的痛苦。目标通常是可分解的，"做一个好人"或"成为家人、同事和左邻右舍的臂膀"等价值驱动的、高能量的目标，其中包含更低层级的目标，比如"改善我与乔在工作中的关系"或"为我的邻居们提供更多帮助"。作为一家推崇协作精神的公司的高级人力资源经理，比尔将成为一个平易近人、和蔼可亲的人视为更高阶的目标。因为当他耳闻自己的风评竟然是"不好相处"时，他感受到了当下的痛苦。

理想的力量

我们为未来设定的远大理想，相当于一家企业的领导者为组织和团

队规划的鼓舞人心的愿景。位于密歇根州安娜堡市的津杰曼社区联合企业（Zingerman's Community of Businesses，以下简称"津杰曼"）的创始人兼 CEO 阿里·韦茨韦格（Ari Weizweig），出版了几本关于领导力的著作。他的经历就是这方面的绝佳案例。韦茨韦格与他的合伙人和团队通过定期设想企业未来几年的发展方向，帮助企业取得了持续成功。他们采用的方法包括绘制含关键词的图片、制定详尽描述企业最终愿景的文件。韦茨韦格坚信想象、描述未来的力量，他与津杰曼的领导团队都是展望未来的忠实支持者。多年来，他们规划了一系列愿景，具体地描绘他们决心实现的目标。目标包括启动一些以社区为基础的小企业。对这些小企业按照一套有利于社会大众的原则来组织和管理自身，比如，提倡种族多样性、居民参与，支持地方教育和卫生倡议，等等。

时至今日，他们的大部分愿景都已实现。韦茨韦格坚信展望未来对津杰曼全体员工迄今取得的各项成就，甚至对是否能够实现更长远的愿景，都至关重要。如今，津杰曼人启动任何新项目的第一步就是创建愿景，先描绘出应努力实现的团队蓝图。有年轻人就如何实现愿景向韦茨韦格请教，得到的回答是："如果你不能想象未来，就无法实现你的愿景。"

韦茨韦格的方法不无道理。对美好未来的憧憬是实现人类社会变革的重要一步。他还补充了一个操作细节：写下你对未来的憧憬，让蓝图更清晰、可行。因为要用语言描述愿景，所以语言的选择很重要。语言越能引起共鸣，蓝图就越生动逼真，愿景就越有说服力。因此，要采用鼓舞人心的语言。这就好比建造房屋前的设计阶段，用电脑生成的彩色立体设计图纸呈现房子的建筑设计，比用单色平面设计图纸，更能清晰地、立体地展示未来的新房子是什么样子的。后者仅仅呈现了基本的设计，前者则会唤起个人对新房子的强烈渴望，这种激励作用十分强大。

第3章 步骤二，围绕当下任务设定弹性目标

优秀的企业领导者往往擅长制定正面积极的未来愿景，并描绘出企业发展方向的具体蓝图。

管理学家德鲁·卡顿（Drew Carton）以这个观点为基础设计了多项研究。他发现，如微软公司提出的"让每个家庭都拥有电脑"这类形象化的愿景，相比如某企业的"追求卓越"这类抽象的愿景，会带来迥异的效果。他和同事们在实验中又发现了更多微妙的差异。例如，参与者按要求设计制作高品质的玩具，由7至12岁孩子为他们打分。结果发现被告知了这项工作的形象化愿景的参与者得分最高，比如"我们的玩具完美无瑕""该产品会让孩子们眨着眼睛开心地大笑，让父母们骄傲地微笑"。相比之下，效果较差的愿景虽然也清楚地强调了企业的主要价值在于高质量的产品，但语言无法让人感同身受，比如"我们所有产品堪称完美""所有客户都会喜欢我们的产品"。

我们可以借鉴这种方式，在设定弹性目标时，采用更生动逼真的语言和形象化的描述方式。拉曼·梅塔（Raman Mehta）曾是全球汽车电子器件供应商伟世通（Visteon）的首席信息官。梅塔向身边鲜活的榜样看齐，设定了自己的弹性目标。他说："我会搜寻那些让我全心信任、极为真诚踏实的人。我认真观察他们，去了解他们的生活方式、领导团队方式、管理组织方式。在此过程中，我会努力向他们学习。找时间跟他们聊天，谈谈自己的想法，把他们当作导师，我会跟他们说，'我想成为你那样的人。我也想成为你那样的领导者。如果我能够实现这个目标，我会感到无比幸福'。"他通过这种方式为自己创造未来自我的图景，让自己充满动力。

米申·阿斯利特凯尔（Mission Athletecare）公司的创始人兼CEO乔希·肖（Josh Shaw）也有同样的经历。这家公司致力于通过高质量产

品帮助运动员增强体能、加快康复。肖曾目睹公司前 CEO 如何将一家只有 5 个人的作坊发展成拥有 500 名员工、年销售额从 400 万美元增长到 2 亿美元的企业，最后企业成功上市。同时，他逐渐形成了自己未来要成为高效领导者的图景。他说："我亲历了企业从小规模作坊发展壮大的过程，这些经历让我备受鼓舞。所以我不断设定新的目标，行事有原则，态度更开放。前 CEO 的成就无疑激励了我，让我深信'有志者，事竟成'。"

梅塔和肖通过观察他人，树立、描绘自己的理想与目标，这种方式很常见。其做法是通过揣测、琢磨他人行为背后的动因，并将之内化为个人目标。当我发现某人是一位优秀的聆听者，对周围人的影响举足轻重时，我会暗下决心，"我想成为这样的人"。科学家将此称作"目标的可传播性"。**效仿他人是设定弹性目标的一种好方法。**

此外，还有一种设定目标的好方法。乔治城大学的劳拉·摩根·罗伯茨（Laura Morgan Roberts）和我在密歇根州立大学的同事，共同设计并完成的研究中有一个练习：发现最好的自己。在做这个练习的过程中，你需要听取周围人的意见，收集他们对你处于最佳状态时的描述，由此发现你身上最突出的优势。通过做这个练习，你可以清晰地认识到自身成长的源泉。**练习发现最好的自己还可以激发你对成长的渴望，并且为你指明成长的方向，而这完全基于你已拥有的品质，不需要效仿他人。**

以理想驱动设定弹性目标是在成长的过程中识别并设定更高层级目标的方法之一。至于具体怎么做，则需要围绕当前面临的工作，将高层级目标拆分成更具体、可立即执行的低层级目标。但在此之前，你还需要了解关于目标设定的一项内容。

第3章 步骤二，围绕当下任务设定弹性目标

痛苦的力量

如果说理想驱动的目标源于我们对未来的渴望，那么痛苦驱动的目标则源于当下经历的烦恼。假设一名家长发现女儿患上了严重抑郁症，女儿为了缓解痛苦，甚至开始有自残行为，那么这位家长的目标要设定为给予女儿更多陪伴、成为一个更好的倾听者。如果一名管理者首次参加公司的360°评估，发现他的团队评价他管理太细、过于关注和控制细节，他感到既惊讶又尴尬，就应该以在工作中多放权作为自己的目标。一位办公室经理与同事之间出于某些原因积累了很多不满和愤怒，因为没有及时沟通，这些情绪后来爆发出来了，她意识到自己习惯性地逃避难以沟通的话题，最终自食其果，因此她应该将目标设定为做一个更勇敢、更诚实的人。

有时，不仅情感上的痛苦会触发目标设定，身体上的不适也会发挥作用。克里斯·马塞尔·默奇森（Chris Marcell Murchison）曾经是希望实验室（HopeLab）负责员工发展和文化建设的副总裁。这是一家总部位于加利福尼亚州的创新型社会组织，专注于用科技提升青少年的健康水平与幸福感。默奇森一直有点完美主义倾向。完美主义是一把双刃剑：既会让他追求创新和创造力，也会让他执着于细节，苛刻地要求自己和他人。牙医让默奇森戴牙套来减轻夜间磨牙的烦恼，他意识到不能再追求事事完美了。他设定了目标，让自己变得更加宽容，与其要求任何事情都完美，不如只追求工作优秀就行了。

上述这些例子中的目标都源于痛苦与烦恼。由于我们未能遵从内心最高价值标准行事，让自己和他人都陷于痛苦与烦恼之中，为了扭转这个局面，我们必须做出改变。如果你希望以此为戒，你就可以把这些痛

苦转化为成长的动力源泉，具体设定在之后的人生历程中需要完成的目标。

将两种驱动力合二为一

有时候，我们会同时被理想与痛苦牵引，这反映了我们在渴望美好未来的同时，也希望逃离当下的痛苦。研究表明，在这种混合驱动下的目标具有异常强烈和可持续的动力。有些人被迫在负面环境中不断内耗，同时又对未来充满希望，他们会更坚定地追求改变。然而，他们必须将这种坚定的信念转化为目标导向的行动计划，不断向着目标迈进。我们将在第 4 章的案例中重点讨论。

林迪·格里尔（Lindy Greer）是一位教学成绩卓著的商学院教师，她担任了新的领导职务。她的目标就属于我所描述的"双驱动"目标。她设想了一位未来的自己，模仿她崇拜的一位老领导。那位老领导是她前工作单位的一位令人钦佩的手握实权的领导者。这位老领导在参加高层会议时会静静地聆听，只需要在合适的时机轻轻地评论一句，就能改变整场会议的讨论方向与气氛。格里尔说："做到像她那样交流，是我一生的目标。不带情绪，没有咆哮，不会言多必失。"

格里尔的烦恼也促使她设定自我完善的目标。据她的同事反馈，她太情绪化，因事而异，这些情绪化的表现显得她看似脆弱或很可怕。她上任后，决心克服这个毛病。她设定了一个弹性目标：关注自己的情绪，控制负面情绪，分享应有的积极正向的情绪，不管是口头表达还是肢体语言，像优秀的领导者那样做。在理想与痛苦的双重驱动下，这个目标对格里尔产生了强烈的激励作用。上任一年后，她带领的领导力研究中

第 3 章 步骤二，围绕当下任务设定弹性目标

心发展势头强劲，她说自己跟团队成员的关系棒极了。

马克·英格拉姆（Marc Ingram）也从双驱动目标中获益。英格拉姆以前是一名金融财会专职人员，供职于一家大型公立学校，当时的他认为自己的职业生涯陷入停滞。他的上司是学校 CFO，上司对他的评价是在做事方面没问题，但缺乏领导力。他希望弥补不足，获得进一步成长。他将上司作为效仿的榜样，同时还参加了一系列短期领导力课程。在学习课程的过程中，他产生了当领导者的愿景，并透彻理解了领导力的缺乏产生的负面影响。理想与痛苦的结合，再一次被证明是一种有效的学习动机。学习了领导技巧的英格拉姆后来到一家新公司任职，职业发展越来越好。

从简单到复杂的弹性目标

有些弹性目标相对简单直接，虽然不容易实现，但至少好理解。比尔的目标是变得更平易近人，默奇森希望修正完美主义倾向，都属于这类目标。

有些弹性目标则非常具体。还记得前文提到的简·达顿吗？她在疫情隔离期间对线上教学十分厌恶和恐惧，后来她成功地将自己面临的困难转化为个人成长的机遇。她还为自己设定了一个弹性目标，因为她的独特个性导致人际关系问题频发：她过于情绪化，表达情感时往往太强烈。当她情绪高昂、乐观时，她表现出极度的热情；但当她消沉、负面时，她的表现又过于消极。多年来，她发现自己极端的情绪表达方式要么吓跑周围的人，要么大家在面对她时闭口不言。她当下面临的烦恼是强烈的情绪使周围的人不再开口、恐于表达观点，同时她又对未来充满

期望，想成为最棒的自己。所以，她设定了一个具体的弹性目标：温和地表达情绪，以免给他人造成压力。

有些弹性目标比较复杂，比如英格拉姆希望自己能被视为一名领导者。"被视为领导者"的含义是复杂的。英格拉姆下定决心改变之后，开始细致地观察自己工作的学校里那些被当作领导者的人具有哪些特征与行为方式。他理解了成为一名领导者的真正意义，设定了弹性目标：在团队工作中，放弃对细节的控制，转而关注更宏观的图景。

安德斯·琼斯（Anders Jones）与格里尔似乎没有太多共同点。格里尔是一名大学教授，负责教学和研究，而琼斯是一家金融科技企业的CEO。但作为年轻且成功的专业人士，他们面临着相似的困境。格里尔刚在一所新成立的大学担任新职位，这是他第一次带领团队。琼斯领导着一家初创公司，员工都比他年长且经验丰富。二人都希望了解如何平衡权力和创造开放的表达环境。

琼斯说："我才32岁，从未做过类似的工作，我不知道要如何管理公司的员工。"他将弹性目标设为"我要保持谦虚低调，但也深知无论哪个级别的员工，都希望被带领和受重用"。他希望自己既保持直接果断的风格，又能开放地看待他人的想法。他相信只要奉行平衡之道，就能最大限度地受益于经验丰富的团队。

格里尔面临的挑战则有所不同。她此前在荷兰工作，在荷兰工作的人往往需要谦逊和蔼、声音柔和、低调行事才招人喜欢。而在新的工作环境中，她需要重新定义平衡。她意识到领导者和下属之间的权力差，总有"让自己变渺小"的冲动，通过自嘲等方式来缩小这种差距。但她也清楚，行使管理权力是必要且必须的。

琼斯和格里尔的弹性目标都强调了平衡的艺术：既能够在短期内尽可能地提升管理效率，又能够长期提升个人技能和领导力。

设定目标要少而具体，但不能太具体

多年以来，我和众多领导者探讨过他们的弹性目标，也举办过工作坊帮很多人找到自己的目标。有的人不知道如何选择自己的弹性目标，我通常建议他们选择大脑中出现的第一个想法，那往往是应该努力的方向。大部分人都清楚自己需要改进的地方。因为这些问题曾经出现过，并从周围人的评论、反馈或非口头表达的反应中得到了印证。

以下的案例来自一个周末 MBA 领导力课程，这个课程有两个班，学员都有全职工作。从学员的学习结果，我们可以看到有哪些常见的弹性目标。100 多位学员在学习了高弹性法则后，按课程要求选择了一项重要任务，并确定了在这项任务中需要努力实现的个人发展目标。

学员们列出的任务多种多样，比如管理一个问题频发的学生项目、领导一个新团队，或处理工作中棘手的人际关系等。学员们明确的弹性目标也千差万别。我们一共收集了 85 个不同的目标。下文的表 3–1 展示了最常见的目标。通过这个列表，我们可以大致了解初入职场的年轻人在成长为一名有经验的领导者的过程中最常面临的困扰。

虽然学员们提出的目标千差万别，但基本可以被归为几类。有些目标与如何有效影响非直属员工相关，这类目标占目标总数的 28%。有些目标则与演讲和沟通技巧有关，占目标总数的 23%。其他较常见的目标还包括如何为直属员工赋能，如何处理棘手或有挑战的人际关系，如何更有效地管理项目，等等。如果学员们选择这些都很有价值的目标，他们将在这些方面取得长足的进步。

表3-1 学员们提出的弹性目标及其占目标总数的比例

弹性目标	占目标总数的比例（%）
提升演讲技巧	14
管理人际关系	13
恰当地授权并为直属员工赋能	9
成为更有影响力的人	9
培养较强的任务管理技能（比如专注地完成工作项目）	8
成为有主见的人	7
开放地对待他人和新观点	7
学习与难相处的人打交道	6
管理好情绪（比如减少自我批评或更乐观）	6
掌握娴熟的沟通技巧	5
开放、轻松地应对他人的反馈或挑战	5
变得更平易近人	3.5
适应新角色	3.5
成为耐心的倾听者	3.5
其他	0.5

在设定弹性目标的过程中，有些学员难以确定有意义的弹性目标。因为他们只考虑面临的任务，无法静下心自问："在完成此次任务的过程中，我还需要关注哪些个人技能，提升个人效率？"例如，如果你负责筹备一次员工团建，那么为了完成这个重要的工作任务，你需要同时关注哪些个人技能？区分任务目标和弹性目标，并学习如何同时实现这两个目标，是高弹性法则的关键之处。

第 3 章　步骤二，围绕当下任务设定弹性目标

有些学员设定的目标太多。我建议他们在接受全新的挑战时，选择一两个弹性目标即可。如果贪多嚼不烂，一次设定 5 个目标，很可能会分散精力、手忙脚乱，浪费宝贵的时间和精力。

有些学员设定的目标过于笼统，起不到应有的作用。例如，一名学员设定的目标是"培养在新环境中与陌生人交往的能力"。若是设定人生目标，这样的描述方式没有问题，但作为一个需要在特定环境中、与特定人群建立连接所需的技能，这样的描述就非常不清晰了。模糊不清的弹性目标不会奏效。如果将目标重新描述为"向制造业人士推广营销方案的时候，要提升聆听他人意见的能力"，就能够让学员明确需要关注人际交往方面的倾听技巧，以及重视向制造业人士推广营销方案这个时刻。具体详细的描述会让目标的设定更有效。

相反，有些学员设定的目标过于具体。这类目标描述了具体的做法，而非学生们希望掌握的可广泛应用的技能。例如，一位学员说，他的目标是"记清楚刚认识的每个人的名字"。我认为应该这样描述："与新认识的人建立信任""以诚待人，在组织中扩大自己的影响力""与同事们建立更密切的人际关系"。记住人名是件好事，但它仅仅是一种做法而非目标。

衡量目标是否过于笼统的一个方式是自问：如果将这个目标指派给他人，对方知道该怎么做吗？测试目标是否过于具体，可以自问：如果我实现了目标，我能提升效率吗？如果任何一个答案是否定的，那么你还需要重新定义目标。

一旦确定了弹性目标，你还需要做两件事。第一件事，检查你是如何描述目标的。研究心理动力学和沟通学的心理学家、作家海迪·格兰

特·霍尔沃森（Heidi Grant Halverson）建议使用描述进步过程的词语，比如"改善了""掌握了"和"成长为"等词。西蒙·比尔希望变得更平易近人；克里斯·马塞尔·默奇森想减轻完美主义倾向；林迪·格里尔和安德斯·琼斯想要学会平衡自信与克制；你可能希望成为更好的倾听者。像这样描述的弹性目标蕴含着力量，能帮你保持成长心态：你一定能实现进步、变得更好。

与之相反，尽量避免使用描述最终结果的语言，比如"擅长"或"成为最出色的"。你会不自觉地进入表现心态，关注与他人一较高下，而不是跟过去的自己比，是否变得更好。这种心态非但不能促成学习与成长，还会成为进步路上的障碍。

第二件事，将弹性目标看作一段旅程而非终点。最新研究表明，当人们越笃定自己朝着目标前进，就越能够坚持，甚至在取得初步进展后仍然能够继续。一项在减肥营进行的研究证实了这个观点，减肥营的参与者以减掉一定体重为目标。研究人员发现，参与者在努力实现最初减肥目标的过程中，"旅程"这个词并没有体现个体差异，但对于继续保持减肥的行为是有积极作用的。达到最初减重目标后，那些认为减肥是旅程而非终点的人更有可能坚持健康的生活习惯。这个词使他们全然接受了整个学习过程，其中包括大大小小的挫折，他们由此获得一种全面成长的满足感。

达成弹性目标，投入程度很关键

投入程度高意味着你达成目标的决心强烈，努力尽快实现目标的意愿强烈。研究表明，高度投入是实现成长最重要的因素。换句话说，实践是最好的老师，但实践中也伴随着干扰，比如不可避免的棘手状况、新出现的需求和人际冲突等，这些烦心事都可能转移你实现个人成长的注意力。这时，你可以在实践过程中提醒自己要全心达成的目标，以便保持专注。

有多种方式来提升对目标的投入度。首先，提醒自己为什么会关注这个目标，搞清楚促使你选择这个目标的动力是什么。其次，尽情想象未来的你多么优秀。反思你在当下困境中的痛苦，畅想当目标实现时，你、你的团队、家人、组织或社区将获得的益处。最后，充分考虑成本与收益，你会意识到弹性目标的重要性，并加大投入。

对比目标与障碍

研究表明，如果你同时考虑目标和障碍，就会更有决心克服障碍。假设你想健身，如果你能同时考虑获得理想的身材和健身过程中的困难，比如，在冬天1月寒冷的早晨爬起来去健身房，那么你的健身效果会比你完全忽视这些困难时更好。心理学家发现，一个人如果采用这种思维方式，他的锻炼量就会是其他人的两倍，而且他更能坚持，饮食也更健康。以这种心理来进行体育锻炼，可以让你更坚强地面对困难，并克服不可避免的障碍。

向所有人公开你的目标

即使是像写下目标这样简单的步骤，也能让你更愿意专注地实现目标。如果你与他人分享了你的目标，你的目标感就更强烈。所以我在领导力工作坊，为每位学员安排了一位陪练，学员要与陪练分享自己的弹性目标。通过这样的做法，你对实现目标的承诺"更加真实"，你会更热切地希望实现目标。

多项研究已经证明这个方法的强大效果。一项研究结果显示，公开承诺降低能耗的房主比仅仅私下承诺的房主，最终实际消耗的能源更少。在另一项研究中，公布自己的任务的孩子们更能坚持完成一项艰巨的任务。还有一项精心设计的随机实验测试了各种加大投入力度的方法，证明了公开目标是效果最佳的方法。

因此，公开宣布有决心实现目标，就会降低忘记目标、为忽略目标找借口，或自称已实现目标的概率。仅仅是知道你目标的某个人的简单问询，就能够触发你努力向目标迈进，可见公开目标的作用多么强大。

对目标全心投入是高弹性法则的关键。一旦你瞄准了一个弹性目标，就尽己所能地加大投入。你可能会惊喜地发现，自己能够如此快速、轻松地精通此前难以掌握的技能。

津杰曼CEO阿里·韦茨韦格关于创建并实现企业愿景的方法，也适用于设定和实现弹性目标。从韦茨韦格的案例中，我们了解到清晰定义愿景的重要性，即你想实现的目标能够调动你的情绪并让你愿意为之投入。他说："其实就是两步走，确定愿景、马上去实现它。"

接下来，我们将讨论如何将构想中的弹性目标落实到相关工作中。

THE POWER OF FLEXING
**高弹性
行动指南**

1. 弹性目标可以来自人们的理想，也可以来自当下的痛苦。

2. 效仿他人和练习发现最好的自己是设定弹性目标的好方法。

3. 在确定弹性目标时，选择一到两个弹性目标即可，设立过多目标可能导致分散精力、手忙脚乱，浪费宝贵的时间和精力。

4. 避免将目标设定得过于笼统或过于具体，衡量目标是否过于笼统的方法是自问：如果将这个目标指派给他人，对方知道该怎么做吗？衡量目标是否过于具体的方法是自问：如果我实现了目标，我能提升效率吗？

5. 确定弹性目标后要做两件事：第一，检查你是如何描述目标的；第二，将弹性目标看作一段旅程而非终点。

6. 描述弹性目标尽量使用描述进步过程的词，如"改善了""掌握了"和"成长为"等。避免使用描述最终结果的语言，如"擅长""成为最出色的"等。

7. 提升对目标的投入度的方式：提醒自己为什么会关注这个目标；尽情想象目标实现后的益处；充分考虑成本与收益，意识到弹性目标的重要性并加大投入。

THE POWER OF FLEXING

How to Use Small Daily Experiments to Create Big Life-Changing Growth

第 4 章

步骤三，像科学家一样，制订计划并组织实验

以开放的心态去不断尝试是
弹性实验的基本素养。

THE POWER OF FLEXING

第4章　步骤三，像科学家一样，制订计划并组织实验

要想实现学习与成长，并从多种工作经历中受益，你需要高弹性法则。换句话说，就是积极尝试不同的做法。实验能最大限度地提升学习效果，你可以在实验中测试哪些行为能够真正提升领导力或个人影响力。开始新的工作后，就要着手进行计划好的实验。通过分析实验结果，观察新的做法在多大程度上对相关工作、氛围和同事产生积极的影响，抑或无效。由此，你可以了解哪些新行为能够有效提升个人领导力与效率。

走出舒适区，围绕目标尝试新行为

围绕目标进行相关实验至关重要。人们总是很难坚持执行自己设定的目标。比如，1月心血来潮制定健身目标，开始在跑步机上跑步。到了2月，跑步机就已经闲置了。特别是在面临危机的时刻更容易放弃。但是，危机中恰恰蕴含着极大的成长潜能。因此，要尽一切努力坚持并

确保能从困境中汲取所有可能的宝贵经验，这一点非常重要。

经过周密计划、深思熟虑的实验正是实现弹性目标的有效办法。高弹性法则中的实验是指微小的、可实现的行为转变，即尝试任何与过去不同的做法。目的就是让你通过尝试新事物走出舒适区，来确认这些改变能否使你精进。

"走出舒适区"这个主意听起来不怎么样。很多人会觉得平时的生活和工作就已经够糟心的了，为什么还要故意找更多的不痛快？但研究学习与成长的专家们一致认为，一定程度的不适是学习所有陌生和新事物的伴生品，痛苦与成长相生相伴。著名心理学家亚伯拉罕·马斯洛在其著作《科学心理学》（The Psychology of Science）中如是说："人们可以选择退回安全地带，也可以选择迈向成长的方向。人必须一次次地选择成长，一次次地克服恐惧。"领导力大师约翰·马克斯韦尔（John Maxwell）的话与之遥相呼应："若要成长，必先走出舒适区。"畅销书作家布莱恩特·麦吉尔（Bryant McGill）的观点则是："让你不适的、痛苦的事物，都蕴含着成长的最大机遇。"

运用过高弹性法则的学生和我的同事们，以个人经历证明了这一点。马登商学院院长戴维·麦卡勒姆就采用了成长思维，他特意走进"不适圈"，并将之作为个人成长计划的一部分。他说："如果我发现自己处于舒适区，我就会有意识地离开它，并深信这样才能获得学习与成长。停留在舒适区，做着同样的事情，只会让你不进则退。"

如果你能欣然接受"学习与成长意味着必须突破自己的舒适区"这一观点，那么接下来要解决的问题便是：如何做到？

第4章　步骤三，像科学家一样，制订计划并组织实验

在回答这个问题之前，我们先从目标设定说起。加布丽埃勒·奥廷根（Gabriele Oettingen）的研究再次印证了人们对未来的美好理想是个人目标的源泉。本书第3章提到了这个观点。同时，她和同事认为这个观点暗含着挑战："对未来抱有某种幻想，换个角度理解，其实就是当前并不知道要怎么做才能得到想要的东西。"换句话说，光设定目标是不够的，你还需要知道如何才能实现它。

解决这个问题的一个方法是，思考可以尝试哪几种行为的改变来实现目标。**我们要想让目标发挥强大的力量，就需要做出具体的、以实现目标为导向的行动。**然而通常我们不了解需要采取哪些行动，才能实现复杂的、独具挑战性的目标。因此，实验就成为一个关键步骤。你需要先想出一个或多个可立即在某个具体场景下应用的细小而具体的行为改变，再观察结果判断这些改变是否奏效。若答案是肯定的，那么恭喜你，你可以坚持新行为，甚至通过进一步强化来实现长足的进步。若答案是否定的，也非常好，至少你明确了哪些行为并不奏效，再接着去尝试新的做法。

假设你设定的目标是让自己在与同龄人的会议中更具影响力，你可以先试试改变就座的位置，比如坐在长桌的一头而不是两侧，再观察你的发言是否变得更有分量。如果这个办法收效甚微，那么再试试第一个发言或最后发言，看看你的观点是否会更受重视。你还可以试着让自己的表达更简洁有力。反复去尝试、去实验，终将帮助你找到最有效的做法，实现目标。

至此，你可能已经意识到，弹性实验源自科学家们推崇的实验法。在过去的300多年中，人类的重大科学突破都是通过这种不断拓展洞察力的方式来实现的。科学实验是一个反复试错的过程。它的原理是：我

们从每一次尝试中都能得到对某个问题的新见解，因为错误本身也蕴含着宝贵的信息。一些学者如此描述道："这就像用一串不同的钥匙去开门锁。每次插入一把钥匙，即使失败，也会产生新知，进而缩小后续实验范围。"

以开放的心态去不断尝试是弹性实验的基本素养。有一位记者询问托马斯·爱迪生，他在进行了1 000次失败的灯丝材料实验后，有什么感受？这位传奇发明家说："我并没有失败1 000次，而是灯泡的发明过程本身就需要1 000个步骤。"如果能用这样的思维去理解失败，你就离成功不远了。谁都不会刻意追求失败，但如何从不可避免的失败中满血复活，很大程度上取决于你如何看待失败。如果你认为失败是世界末日而情绪异常低落，那么很可能你会一蹶不振。如果你将失败当作可汲取教训的错误，或像爱迪生那样，认为失败仅是通往成功的过程，就会更容易、更快速地重新振作起来。

科学实验是一项严谨的工作。它包括：阐明实验假设，即描述需要测试的、可能的因果关系的理论；选择已被验证有效的方法和测量技术，精确操作实验；公开透明地将结果提交给同行审查和分析。只有这样严谨论证，其他科学家才会接受实验结果并认为其对该学科做出了有效贡献。

依据高弹性法则，我们在日常工作和生活中也可以采取类似的方法论，不过我们的实验并不那么正式和严谨，而是更有趣和开放。弹性实验的目标是尝试新的行为方式，比如开会时就坐的位置或发言时间，观察这些新行为是否有助于实现目标，一遍遍地重复这个过程，从每次的迭代中获得新见解。

第4章 步骤三，像科学家一样，制订计划并组织实验

你可以绕过一些科学实验严格遵循的规则。比如，你用不到试管和烧杯，不用严格分离单个实验过程以避免结果的"污染"，而是可以同时进行两三个实验，试试在改变发言顺序的同时采用简练的表达方式。这无关紧要，毕竟这不是必须精确测试药效的新药开发实验，你只是在寻找有效的行动策略。因此，如果你同时尝试了两三种新行为，发现组合运用它们能让你更快接近目标，那就太好了。

另外，我们所说的实验完全是私人的，不必公开。你可以尝试任意的假设，而不必操心这个理论是否能得到同行的认可，毕竟最终是由你来根据自己的主观感受和观察到的效果来判断实验成效。如果你尝试了以新方式召开会议或主持研讨会，你可以观察同事给你的反馈是否正面；你采用了新系统来做项目，你自己感觉是否更富有成效了。只要得到了你想要的结果，便是胜利，如此简单。

你还可以在小范围的实验中获得乐趣。洛伊丝是一位杰出的艺术家，擅长现实主义的自然风景绘画，她的经历就是"小实验，大成果"的完美诠释。她一直想表现更自由松弛的绘画风格。因为在疫情隔离期间时间充裕，她便开始在 8×8 英寸[①] 的画板上画花，而不是常见的 20×20 英寸的画板。8×8 英寸的小空间带来大不同，她可以随心所欲地尝试，画不好也没关系，毕竟只有 8×8 英寸！几周后，她终于有信心建立长久以来渴望的自由的新风格，对于运用新手法创作更大尺寸的作品更加有信心。小实验让她可以采用游戏的心态去尝试，最终实现了改变。

通过弹性实验，你可以自己主导学习和成长，不用再等待他人来认可你的潜力、送你去参加课程和培训或为你指派导师。你只需要尝试不

---
① 1 英寸 ≈ 2.54 厘米。——编者注

同的行为并评估其影响，就可以踏上成长之路。将实验当作一个充满希望的、积极的过程，你也会变得更活泼有趣。在这个过程中，你可以持续地学习、成长，而且从中受益匪浅。

设计弹性实验的 3 个步骤

设计弹性实验很简单，只需要 3 个步骤。首先，构思能够帮助自己提升个人领导技能和效率的具体行为。其次，测试具体行为的有效性。最后，发现上述构思正确的标志和证据。

假设你的弹性目标是在开会时扩大影响力，即你希望对参会者的态度与观点产生更大的影响，以便团队做出更多你支持的决策。你可以在每周开例会时，通过改变自己的行为来实现这一目标。然后，你想出一个具体的行为：在团队会议上保持沉默并最后发言。你猜测这个行为可能更能影响团队做出相关决策。

接下来，按照一个可行的计划来测试这个构思。例如，你计划在接下来的两个月的周例会上，尽量等其他团队成员发言结束后再阐述自己的观点。然后，通过记录并回顾你的建议在此次会议中的采纳率，并与以前的会议进行对比，来确定该实验是否有效。例如，在之前两个月的 8 次例会中，有 3 次会议的主要决策采纳了你的意见。若在接下来的 8 次例会中，从 3 次提升到 5 次或 6 次，那么这个实验就是成功的。当下次召开团队会议时，你就可以开始执行计划并从中收获学习价值了。

第 3 章提及西蒙·比尔从收到的反馈中得知自己在工作会议中表现得"不好相处"，严厉、冷酷，甚至有点吓人，同事对他避之不及。他迫切希望改变这种形象。因此，当被安排负责一个新的跨部门的人才招聘委员会后，他决定利用这个机会来尝试几个有助于实现这种变化的行为。他计划在此期间做3个尝试。

首先，他决定提前到达会场，亲自欢迎每位委员会成员。这和以前超负荷的日程安排相比，形成了明显反差。以前比尔只在会议开始时到场，甚至迟到几分钟，接着马上心慌意乱地开始会议。

其次，为了拉近他与委员会成员之间的距离，他决定改变就座的位置。他不再坐到会议桌的最前面，而是坐在一侧，也就是在大家中间。

最后，这个尝试很简单，但也许是最有效的。他觉察到自己在真诚地关心他人或产生好感时，面部没有任何表情，"蜡像脸"让人退避三舍。他决定要多练习微笑。总体来说，他希望这3个尝试能改善同事对他的刻板印象，从"不好接近"变成"平易近人、包容友好"。

比尔在负责委员会期间的所有会议中都采用了这3个尝试。他通过密切观察委员会成员的表现来判断这些做法的有效性。比如，他们是否更放松并更愿意参与委员会的工作，包括准时甚至提前到场、不迟到、不早退、积极参与讨论等？他们是否公开表达自己的想法和意见，即使与他相左？他们是否以笑容回应他的微笑？这些反馈及其他更不易察觉的反馈方式，有助于他确认自己是否变得平易近人、包容友好。

当然，他也会仔细聆听任何直接反馈，比如，"很荣幸与你在委员会共事，比尔！"这就更能让他证实实验的有效性了。

上文提到的高管教练卡林·斯塔沃基也进行了一系列实验。她试图转变自己的对外形象,从古板严肃的"老学究"转变为一个热情、体贴且大方的人。在每种情况下,她都开启头脑风暴,设想可能会对她与客户的关系产生积极影响的新做法,然后在与客户互动中测试新行为的有效性,并监测结果。

第一个尝试是:斯塔沃基会在见客户前待在安静的地方,理清思路、集中精神。她通常想象自己在某种场景中的行为,比如想象自己准备了一餐饭,端给客户。她回忆说:"我看到自己伸出的双手像翅膀一样,捧出一盘食物。"这种象征性的姿态唤起她希望体现的服务精神与热情。第二个尝试是:她在会议前采用呼吸练习来减轻压力。第三个尝试是:她在做演讲准备时,默念关于自我认知、自我肯定的话,给自己加油。

其实,在校大学生也可以设计弹性实验实现成长。高校拥有广阔天地与实验空间,适合培养领导力,大学生可以大胆尝试、低成本试错,并从中复盘和成长。雄心勃勃的大学生纳迪亚,同时是供职于一家知名咨询公司的年轻员工。她渴望为领导力方面的成功发展打下基础。

纳迪亚在大学担任重要的领导角色,并开始注意到来自周围人的负面评价。她在回顾这段经历时说道:"我认为自己的性格中有控制狂倾向。"她在一个改革论坛上竞选学生会主席时充分暴露了这种倾向。她认为如果她选举获胜就有权力任意指挥同事,去实现她提出的改革。最终,她周围的人逐渐沮丧不堪,她才意识到了自己的问题。

为了解决这一问题,她设定了一个目标:放手,但并不是彻底放手,而是逐渐尝试不同的做法。这就是典型的弹性实验:尝试新行为,根据结果和反馈调整下一步做法。

第4章 步骤三，像科学家一样，制订计划并组织实验

纳迪亚的第一个尝试是：不再独裁式地管理如何做具体的事，仅设置任务完成的标准。这一次调整后的结果令人震惊。她说："一名学生会成员提出了一个巨棒的主意，并付诸实践了，结果比我想象的要好太多了！"

纳迪亚的第二个尝试是：用全新的方式管理项目计划表。以前她经常责怪无法按期完成任务的同事，现在她换了一种方式。在项目截止日，她会向迟迟未完成任务的同事发送邮件，信息内容大致如下："嘿，这事儿貌似还在进行中。随时告诉我你是否需要任何帮助。咱们一起尽快搞定这么有意思的事儿。"这次改变的结果同样令人欣喜。同事不再觉得自己被控制，而是被赋能，通常能在收到她的邮件后很快完成相关工作。

纳迪亚通过成功的实验，不断改变个人领导风格。但这并不意味着她的性格立刻改变了，她承认自己仍有控制倾向。然而，她说："我逐渐学会了如何有效控制，不至于让人感到太苛刻。"她在读 MBA 的同时担任俱乐部负责人的几年间，塑造了更强大的领导风格，她的核心信息是"告诉我你的目标是什么，我来帮你实现"。她在加入麦肯锡并担任咨询顾问后，依然采用这种方式工作，绩效卓著。

这些故事告诉我们，每一次经历都能成为实验和学习的机会。实验的设计内容可以多种多样，以多种形式呈现，比如，比尔改变了开会风格，纳迪亚的项目管理方式更专注于人际交往。其他的实验，比如斯塔沃基的会前冥想及呼吸练习，更侧重于内在力量的构建，调整影响行为的情绪、心态和期望。

有时，实验的要点是不采取行动。纳迪亚受丈夫邓肯的启发，开始了一项新实验。她丈夫经过最近的观察评价道："有时你的反应太快，

093

导致对方进入防御状态！"她也意识到这种倾向："估计这是我在高中辩论队时养成的毛病。"现在，她会试着在回答别人问题之前暂停一秒。实验效果很棒，"一秒停顿"成为她的沟通工具之一。

弹性实验并不局限于工作场合。法贾尔是一名 MBA 毕业生，最近成为一家亚洲科技公司的产品研发总监。他的技术、管理和财务技能都很出色，他希望自己更富有创造力，以帮助公司成为技术领域的领头羊。法贾尔说："我的左脑很发达，但我也很想开发右脑。"

为了追求这一目标，法贾尔进行了一项非常规实验：练习中国书法。他的一位朋友参加过书法课程，用毛笔和墨水练习书法。他受到启发，也报名了书法课程。练习书法后，他发现自己的思维方式正发生一些有趣的变化：

> 我正在学习控制我的手、姿势，甚至情绪，使得墨水的流动和最终呈现趋于平衡之美。我注意到其他方面也发生了变化。我更懂得欣赏艺术作品的美，对周围的环境更加敏感。我变得更善于观察、更有耐心。我曾说自己没有艺术天赋。现在我不再担心这个问题。面对这个新挑战，我跳出框架思考、积极行动。借此我见识了新的天地和自我。

虽然练习书法与法贾尔成为高科技创新者的目标没有直接关系，但是乔布斯曾谈到他在俄勒冈州波特兰市的里德学院学习的书法课程大大激发了他对设计的痴迷，并在早期开发苹果电脑的过程中运用所学。法贾尔通过书法实验，掌握了新的心理技能，他在工作和生活中的效率将有望提高，这就是高弹性法则的意义。

第 4 章　步骤三，像科学家一样，制订计划并组织实验

有时候，你可能会设计一次私人实验，成功与否主要以你的幸福感为标准来衡量。第 2 章提到的汉娜，她还设计了一个实验来重掌生活主动权。汉娜同时打两份工：高中生家教和一家字幕外包公司的合同工。她为了做这两份工作经常"挂"在网上，尤其是在新冠疫情期间。汉娜说，她用电脑工作时间很长，网上不断冒出来各种新闻和信息让她不知所措，她有时觉得"就像是生活挥着鞭子催着我往前走，而不是我在掌控自己的生活"。

汉娜不想放弃，于是决定尝试体验一次"无科技周末"。她希望能有一些时间和空间来思考自己真正想要与需要的生活，而不是行尸走肉般过日子。

随着"无科技周末"的临近，汉娜差点掉进那个惯常的陷阱：她开始感到一种不能虚度周末的压力，心里总盘算着做点什么，要么接手一个新项目，要么进行浴室大扫除。最终她抵制了这种冲动，决定在周末什么也不干。她甚至提前告知朋友们自己的计划，她可能会错过他们的电话、短信和朋友圈。她练习瑜伽，做了一顿精致晚餐，读书，遛狗，在公园里与狗狗悠闲地坐着，而不是匆匆走过。没做任何特别的事，只是去做自己真正想做的事情，不期待有所成就，也不被自己的手机或其他人的期望所干扰。

汉娜对结果感到满意。她整整两天都抵制了将自己的周末生活和社交媒体上那些引人瞩目的朋友们相比的诱惑，并对电视和网络上源源不断的信息流充耳不闻。她不再陷入焦虑和愤怒的情绪中，而这正是许多人束手无措的难题。最重要的是，周一来临，她明显感到更有活力，而且对未来一周的工作更有信心。

如果你实在想不出来实验的点子，那么可以试着与朋友、同事、导师、教练和同学讨论。在我主持的高弹性法则研讨会上，我们向大家征集实验的点子。参与者描述自己想要实现的目标，其他人提供可以尝试的点子。有些想法可能并不成熟，有些则很棒，当然，寻求灵感的参与者可以自行选择好点子和好建议。

运用高弹性法则克服完美主义倾向

为了更全面地了解弹性实验的力量，让我们看看一个高度认真的人是如何应对个人成长方面的挑战的。他就是我们在第3章中提到的克里斯·马塞尔·默奇森。牙医告诉他，完美主义倾向导致他在睡觉时磨牙。这让他感到很痛苦，牙齿也被磨坏了。他制定了一个弹性目标，即克服完美主义倾向。然后，他还在一篇博客中罗列了计划采取的所有行为。有些行为是内心的探索，有些行为是真正的实验，克里斯计划在大脑中进行内心实验，在工作时则与其他人一起进行真正的实验。以下是他设想的10种行为：

- 提高自我意识。了解完美主义的来源至关重要。这种倾向从何而来？它的作用是什么？为了回答这些问题，必须通过工作坊、书籍、顾问、教练、朋友和家人获得帮助。
- 自我抱持。看到自己并欣赏自己。善待自己，放下完美执念，让他人看到真实的我。
- 终止灾难性的负面思考。问自己可能发生的最坏的情况是什么？将这种想法放大数倍，直到发现这种想法的结果显然是荒谬的。
- 重构视角。接受我的想法并不符合实际。敞开心扉，看到与自

- 放手。当我被完美主义操控，听到大脑中的噪声时，忽视它。采用正念练习来帮助自己摆脱大脑意识，进入身体意识。
- 把生命看作一场持续不断的实验。我通过承担小风险任务来让自己不那么脆弱，并根据结果重新调整自我形象。
- 寻求反馈。寻求非常具体的反馈，以防止我在设定错误的事情上钻牛角尖。
- 即兴发挥。练习少做计划，多顺其自然。学会嘲笑自己，轻松面对生活。
- 信任自己。相信自己足够好，理解过多的努力并不总是必要的，也不会有实质意义。
- 向朋友敞开心扉。让别人知道我的完美主义倾向，接受他们的帮助和支持……一起嘲笑自己荒谬的一面。

最后克里斯以"这是一场练习"结束他的博客文章，这个认知很重要。他的态度与高弹性精神完美契合。在现实世界中用行动测试想法，观察影响，然后再继续尝试新事物，这就是尝试的意义。一旦你发现有效的方法，就不断练习它，直到它成为习惯，让你的日常生活和工作更有效，你最终会收到丰厚的回报。

将弹性实验风险最小化

人们往往对实验有两种顾虑。第一种顾虑是行为的不一致性："如果我从明天开始采取新的做法，特别是如果我刚放弃上一个实验，就尝试下一个，周围的人会不会觉得我反复无常？"

第二种常见的顾虑是可能的失败："如果我改变了与人相处、管理项目或领导团队的方式，但最后失败了，这会毁了我的声誉和形象。"

这两种顾虑十分普遍，一些研究者不得不去测试它们的合理性。研究人员向员工展示领导者采取的行动路线图，随着时间推移，这些轨迹体现了行为的一致性或非一致性，也包含了行动失败或成功的信息。

随后，研究人员要求参与者对领导者的表现打分。研究结果清晰地表明，只有其中一种顾虑相对在现实中更常见。你能猜到是哪一种吗？研究表明，对行为不一致性的担忧并无事实依据。然而，对失败的恐惧是有明确的证据支持的。

在这些研究中，行为前后不一但最终成功的领导者收获了很高的评价。人们似乎都欣赏并乐于支持一位不时改变风格和策略的领导者，只要最终取得成就即可。所以，如果你因担忧行为的不一致性，而对某项实验犹豫不决，其实大可不必。行为的不一致性对大多数领导者来说都不是问题，只要最终指向好的结果就行。

相比之下，行为前后一致但结果失败的领导者获得的评分较低。显然，在大多数人看来，如果你的努力不能产生成功的结果，那么行为一致与否就无足轻重了。

因此，对失败的恐惧才是真正的风险。幸而，这种顾虑是可以消除或减轻，将风险最小化的方式是先小范围地做实验。如果你想尝试一种组织团队项目的新方法，那么可以从一个小团队入手，这样牵涉到的利害关系相对可控。如果实验成功，便可以在规模更大和更重要的大项目中运用这个方法。这样就能够充分利用实验的优势，同时降低可能的

第 4 章　步骤三，像科学家一样，制订计划并组织实验

失败带来的痛苦和风险。

同理，新药研发通常先在少数患者身上测试，尽量降低新药物可能带来的致命作用的影响。只有在小范围实验中确定新药安全性后，研发人员才会着手展开大规模临床试验。

不过，风险仍是实际存在的问题。秉持表现心态的人，相对难以接受实验可能带来的风险。而学习心态的人，更容易接受理智地冒险。**事实上，即便可能面临失败，处于学习心态的人仍然敢于尝试新事物。**

第 2 章提到的金融专业人士莉萨·沙莱特，曾在学生时代面临融入日本生活的挑战。她这样描述学习心态的重要性：

> 我认为走出舒适区是非常重要的。如果我们有意识地努力走出舒适区，就会拓展思维、获得新经验。然而，大多数人只关注成为某个领域的专家。他们会说："我想在这方面做到最好，成为这方面的专家。"然后，他们就只能困在那个领域了。这并不意味着你必须空降到日本。你只需要将自己置于除了学习别无选择的境地。

开展弹性实验是将自己置于无法逃避的学习状态的最佳方式。 这是一个成长和发展的机会，我们只需要深思熟虑，积极地管控过程中的风险即可。

纳迪亚完美体现了这种实验精神。她讲述自己正在努力应对的挑战和正在实验的新行为，反复提到诸如"我正在努力尝试""我在这方面并不完美""我仍在进行中"等句子。这反映了她对变化和成长的开放

心态，以及她愿意接受适度的风险，迎接尝试新行为所能开启的新局面。**大多数人对开展弹性实验有心理障碍，采用学习心态就是突破的好方法。**

制订具体计划，让你在遭遇意外时更从容

我们还可以做一件事来提升实验成功率。如果你接手了一项特别重要的任务，并已在心中构思了一个重要的弹性目标，那么你应该花一些时间去制订应急计划。这些计划是为了有效应对可能发生的干扰实验的情况。换句话说，**应急计划是针对可能发生的意外情况的应急措施，当事情的发展脱离了既定方向时，我们就要执行这些计划。**

例如，西蒙·比尔采取应急计划时，目标是树立平易近人的形象，他采取的实验措施包括提前到达会议现场。比尔在计划这项实验时考虑到一个现实问题：他的日程安排通常会在最后一分钟被打断或者干扰，一些紧急的、计划外的任务往往会导致他不能提前到会，甚至还会迟到。

为防止这类事件干扰他的实验，比尔制订了以下应急计划。他在电脑上设置了声音和图案提醒，会议开始前的15分钟，提醒功能就启动了。一旦电脑发出提醒，他就会起身前往会议室，而不是按照以前的习惯试图在开会前再完成一些额外的小任务，而这通常会导致偏离目标。

下面是另一个例子。约翰的目标是让自己更开放地听取团队的意见。他计划在开团队会议时进行一个实验：一名成员讲完自己的想法后，约翰会先总结他所听到的内容，再给予自己的回应。这个实验的目的是强迫自己仔细聆听，并在回应前充分接纳团队成员的见解。这确实是一个

好方法，他能借此更快地实现目标。

在计划实验的过程中，约翰思考有哪些可能导致计划跑偏的状况。他马上想到自己尤其难以接受用抱怨的语气说话的人。团队成员马蒂就经常发牢骚。约翰只要听到马蒂的抱怨就开始咬牙切齿、无法倾听，脸上表现出极不耐烦的神色。约翰希望自己变得更开放的努力随之烟消云散。

为了避免这个情况发生，约翰做了预防发牢骚的计划："如果团队成员发牢骚，我就会警醒自己，集中精力认真倾听，然后复述我所听到的内容。"

仅仅是提前制订应急计划就能帮助约翰坚持他的实验计划吗？确实如此。大量研究支持这个结论：**人们提前充分考虑可能导致目标落空的事件，并为此做好应对措施，就能够极大提高他们的专注度和行为的有效性。**

社会学理论认为，应急计划有助于你明确识别可能遇到的障碍，基于预先计划，你知道如何应对，你会有目标感，有意识地行动，并最终达成目标。

当然，实验所学毕竟有限，你还要在工作和生活中应用所学。高弹性法则使实验成为你日常工作和生活的一部分：它把成长变成一种你每天都在玩的游戏，与自己竞争，看看你能变得多聪明、多强大、多优秀。随着时间的推移，每个游戏产生的小结果将不断增加，积少成多，从而产生显著成就。

人生高弹性法则　　THE POWER OF FLEXING

THE POWER OF FLEXING
高弹性
行动指南

1. 弹性实验的目标是尝试新的行为方式，观察这些新行为是否有助于实现学习目标，一遍遍地重复这个过程，从每次的迭代中获得新见解。

2. 设计弹性实验的 3 个步骤：第一步，构思能够帮助自己提升个人领导技能和效率的具体行为；第二步，测试具体行为的有效性；第三步，发现上述构思正确的标志和证据。

3. 大多数人对开展弹性实验有心理障碍，采用学习心态就是突破的好方法。

4. 提升实验成功率的重要方法是制订应急计划。

THE POWER OF FLEXING

How to Use Small Daily Experiments
to Create Big Life-Changing Growth

第 5 章

步骤四，积极获取反馈，从中看到真正的自己

越能保持学习心态，越能对他人的反馈保持开放和专注。

THE POWER OF FLEXING

第5章　步骤四，积极获取反馈，从中看到真正的自己

在个人效能方面，仅靠自己来判断远远不够，我们还需要获得周围人的评价。大多数人在生活中总有一些对自己来说举足轻重的人，他们的评价和意见非常重要。在工作中，这些人可能是老板、同事、下属和客户。在家庭与社区中，这些人可能是家人、朋友、邻居和其他熟人。他们都在你的成长中发挥着关键作用，这意味着你获知他们对你的看法很重要，而弄清这一点往往需要积极寻求反馈。在他们眼中，你尝试的实验是成功的吗？你的某种技能有提升吗？为了得到反馈，你需要留意他们的反应，甚至时不时直接询问他们。

我们可以通过各种方式寻求反馈。比如在第 4 章提到的纳迪亚，她渴望不断学习和成长，同时知道自己不能看清自身弱点。幸而她有她的丈夫邓肯。邓肯会在公共场合时不时发出一个旁人不易察觉的、只有纳迪亚明白的信号，以暗示她"哎呀，可不能这么说"。在一场重要的会议或演讲后，二人经常会通宵达旦地探讨哪些方面进展顺利，哪些地方

可以改进。他就像纳迪亚的第二双眼睛和第二双耳朵，时刻关注纳迪亚在哪些细节上可以做得更好，帮助她为下一次同样的挑战做好准备。

我们在采访纳迪亚时问道："你听了邓肯对你的批评，心里难受吗？"她回答说："不会呀，我经常征求他的意见。归根结底，我知道邓肯真心想帮我。当然我也承认，有那么一两次，他的话让我想哭，我非常想反驳他。通常，直面自己的错误确实不容易！"

我们对纳迪亚的描述感同身受。有时别人的意见确实让我们难以接受，但同时我们都清楚反馈十分重要。**他人的反馈很关键，因为若缺失这些反馈，你就无法全面客观地评估自己在新任务中的表现、实验的结果如何，以及目标的完成度。**

事实上，周围的人很了解你。他们会观察你的状态、留意你给人的印象；他们了解你行为背后的意图，甚至能解读一些微妙的细节，比如语音、语调等；他们对你的认知是全面的，比如，你是否值得信赖、是否真诚大方、是否平易近人等。他们往往比你更了解你自己。这一章的标题就表明了获得周围人的反馈的重要性。

当你独立做一件事时，你当然可以自行决定目标、实现目标的方法及评估结果的方式。你可以评估自己的努力和成果。比如，你边洗澡边唱歌，并为自己美妙的歌声沾沾自喜，自认为是一名绝世歌手。但是，当你面临更复杂的任务时，离不开其他人的参与，他们主观的评价就像路标一样重要，能帮你确认事情是否在按原定计划进行。

简而言之，在我们成长的过程中需要反馈。我们在组织中所做的许多事情和在生活中的点滴言行，都是需要被主观评价的。因此，他人如何看待你十分关键，了解他人对你的看法很重要。

如果你认为自己热情、充满魅力，但事实上周围的人并不这么认为，那么你做事的效果就会不尽如人意。如果你觉得自己为团队展示了一个清晰又鼓舞人心的计划，但事实上你的内容逻辑混乱，你的演示平平无奇，那么最终无法达到你想要的效果。如果你认为自己是一个严厉但充满爱的领导者，但事实上你的同事只感受到严厉或只感受到爱，那么你的工作成效也会大大降低。**唯一能校准你的感知是否属实的方式便是寻求反馈：让周围的人告诉你，你的真实表现到底如何。**

埃里克·马克斯（Eric Marks）曾任马克斯·帕内斯与什伦有限公司（Marks Paneth & Shron）的合伙人兼人力资源总监，如今他已经退休。他积累了丰富的经验，也意识到反馈的重要性。他说："当与人交往时，不管是在工作中还是在生活中，你为他人带来的价值取决于对方的看法，你不一定能清晰地了解你的所作所为对他人产生的影响。你也不了解他们对你的评价。有时候，你认为简单、无足轻重的小事，反而是别人最看重的大事。"

马克斯的看法与古老的智慧格言同理：我们以发心来评判自己，别人则以行动来评判我们。要真正了解你对他人的影响，你需要获得反馈。不管是面向未来还是活在当下，你都离不开反馈。你需要知道你的优势和劣势，以及需要学习的地方。随后，再不断运用新的学习经验逐步精进，实现目标。

为什么反馈很难获得

反馈对职业发展与个人成长至关重要，但要获得反馈并不容易。专业人士常常通过年度绩效评估获取反馈，但这样做问题重重。管理者已经开始不认可年度评估，因为这是一项烦琐的任务，而且对于提升员工绩效收效甚微。过去10年，越来越多的企业发现了年度绩效评估的无效性，因此开始弃之不用。

即便有些企业仍然采用年度绩效评估，也不能确定其是否有效。很多人为了避免尴尬而不愿给出负面评价，包括管理者。有的人担心批评只会让事情变得更糟。研究人员发现，即使负面评价是正确的，管理者通常也会尽量避免，尤其是遇到女性下属或属于少数族群的下属时，但这往往会导致这些员工对正面评价的重视程度大大降低。

举个例子，我采访的一个非裔美国人说："我既是女性又是非裔美国人，我发现大部分时候管理者对我的期望比我对自己的期望低得多。上司的反馈一般都是'太棒了！你做得好极了'，而这仅仅是因为他们的期望本身就很低。"如果她全然相信年度绩效评估中的反馈，她就不会有动力进步，也无法了解到他人对她工作的真实评价。她需要更积极地去寻找真实的反馈。

此外，年度绩效评估也不够及时。比如，在某些情境下，你可能想及时了解自己的表现到底如何，自己是否被认为是热情的、有能力的人，人们觉得你非常真诚还是极度虚伪，你是否会在焦虑时做出匪夷所思的事，你是否有欲速则不达的情况……当然，通过观察任务完成的状态也可以推断出一些反馈，比如开拓了新客户、按时完成财务报表、如愿晋升等。但对个人学习与成长帮助最大的反馈，通常都没那么容易获得。对于许多人来说，个人成长最核心的方面通常在企业之外，无法由所谓的年度绩效评估提供反馈，比如，在个人亲密关系或者在专业组织、民间组织、慈善社区的工作中的成长表现。

第 5 章 步骤四，积极获取反馈，从中看到真正的自己

不管是在企业还是在其他场景中，人们一般不会主动给予他人反馈。他人可能留意到你的某些行为或表现的改善对你很有帮助，但因为担心言语冒犯或破坏关系等，所以选择缄口不言。

最后一种情况也许最棘手：当我们最需要获得反馈时，反而意识不到自己需要。社会心理学家、密歇根州立大学的戴维·邓宁（David Dunning）以著名的"达克效应"来描述这种现象：技能低于平均水平的人往往会高估自己的能力。他们对自身各项表现的评价优于客观数据所显示的结果。相反，技能高于平均水平的人反而会略微低估自己的能力，这可能是由于谦虚或其他因素。邓宁指出："周围的人会在一些小事上提醒你，比如你的衣服拉链开了或脸上有东西，但对于至关重要的事，大家往往会回避，所以你不知道。因此，办公室里不受欢迎的人就不会被邀请参加聚会，但恰恰因为他不知道自己未被邀请，意识不到自己其实并不受欢迎，也就失去了改进的机会。"

邓宁和同事们还发现，人们更善于评价定义明确的个人特质，比如守时，但对于更复杂的个人特质缺乏判断力，比如个人领导力或成熟度。由于我们不知道自己对自身技能水平的评估不符合真实情况，这就变成了一个"由不知道引发的不知道"的问题。此时，你会毫无头绪，不知从何处着手解决这个问题。

达克效应意味着通过反馈来实现成长有点难。毕竟，当没有意识到问题时，我们会忽视他人反馈的线索，不会去积极地寻求解决问题的办法。无法意识到自己需要在某方面改进，会导致无法实现成长。

希望持续提升工作能效的人如果没有积极寻求反馈意见，就会产生严重后果。负责战略和企业发展的 Twitter 公司副总裁塞克萨默·苏里亚

帕（Seksom Suriyapa）认为这是他最重要的经验教训之一。他说："直到职业生涯后期，我才意识到，如果想在任何工作中取得成功，你就必须自始至终关注利益相关方是谁，并不断与他们沟通，以确认你的工作方式是否有效，所做的工作是否有成效。"他很早就知道寻求反馈很重要，因为如果不积极寻求反馈，就无法获知反馈。

两种策略帮你收获反馈

如上所述，有效反馈无法唾手可得。幸而有一些方法能帮我们克服这一难题。高弹性法则提出两种寻求反馈的策略。**一种是询问：正式或非正式地、直接或间接地询问他人的反馈。**例如，抛出双方感兴趣的话题，从谈话中提炼出有价值的信息。询问的方式简单明了、直接有效。

纽约市一位著名的市长埃德·科克（Ed Koch）就经常这么做。他曾站在人群前大声问道："我做得怎么样？"人们通常也会高声喊道："你做得很好！"他在大街上、地铁里或见面会上碰到市民时，也都会问同样的问题，不过得到的并不都是拍马屁式回应。这种一问一答的简单方式，让他实时了解到自己推出的公共政策在市民中的反响如何。

虽然科克市长不一定每次都能从人群中寻求到客观的反馈，但他的行为为我们提供了一种获得反馈的方法：直接问。你可以问上司你的演讲如何，或者问下属你在某次会议上的表述是否清晰，抑或问同事你对某个合作项目的贡献是否有价值。

另一种寻求反馈的策略是观察：关注周围人的行为与反应，包括其中口头或非口头的隐性反馈。我们可以在与他人的交谈中观察他们的面部表情，并从其行为中解读隐含的信息。比如，当我讲课时，如果有人开始走动、去上厕所等，我就意识到自己可能讲得太冗长了，学生们需要课间休息了。反应本身就是反馈，比如，我们讲故事时他人的反应，下属之间心照不宣的眼神交流，以及当你试图讲解新观点时，观众或茫然或轻松的表情。

我的同事简·达顿担心自己热情得过头会让别人不舒服。她注意到每次她发言后，整个房间的人都安静了。她思索为什么会这样，经常会得出结论："糟糕了，我又说过头了！"通过搜寻这类线索，你往往会获得足够的信息来指导行为，进而更有效地做出改变。

在其他情境下，观察隐性反馈时需要注意什么事情没发生，类似"晚上没有叫的狗"，侦探福尔摩斯便依据这个隐性反馈破获了一桩案件。一匹珍贵的赛马从马厩中被盗时，看门狗在夜间没有吠叫，这表明罪犯不是陌生人，而是狗所熟悉的人。

事实证明，罪魁祸首是驯马师。如果你的弹性目标是提高倾听能力，那么隐性反馈可能是你的同事更愿意与你讨论他们可能遇到的问题、担忧或分歧。或相反，他们仍然拒你于千里之外。

高管教练卡林·斯塔沃基尝试成为一名更会陈述观点和更有影响力的组织顾问时，就采用了这两种寻求反馈的策略。如果她的客户很多，甚至坐满房间，她有时会邀请一位同事参加会议并提供反馈。她说："这位同事早就认识我，对我很了解，所以他能够给我更深刻的反馈，我很重视他的意见。"

此外，斯塔沃基也关注隐性反馈，特别是留意他人的情绪变化和参

111

与方式。她会观察学员是投入对话，还是心不在焉，而且她会直观地感知能量场的水平与变化。

她还关注学员是否会重复她的话，并称这是"最高形式的肯定，用重复言行的方式，活学活用"。如果有人这么做，她就会由衷地感到高兴。她说："所有人都投入其中，并将所学到的新东西转化为自己的。"因为斯塔沃基结合了询问与观察这两种获得反馈的策略，所以她能够实时确认自己的方向是否正确，以及自己应该如何调整以实现目标。

商学院院长戴维·麦卡勒姆在与亲密的朋友和同事交流时，会采用一个非常详细的体系来寻求反馈。这个体系就是"演说的4个步骤"，源自威廉·托伯特（William R. Torbert）的著作《行动探询》（Action Inquiry）。二人恰好是朋友。下面是麦卡勒姆对这一体系的描述：

> 无论是写电子邮件、参加会议还是公开演讲，我在每一次沟通中都会采用"演说的4个步骤"体系。这4个步骤的第一步是设定框架，解释我的出发点和需要达成的目标是什么。第二步是提出主张，提出我的想法、感受、建议或计划。第三步是进一步说明，用一个具体的例子或案例来辅助说明我的观点。第四步是直接询问，向听众征求意见。我会直接问："我有没有漏掉信息？你对这个问题有什么看法？如果你是我，会采取什么不同的行动，具体怎么做？"根据多年的经验，我认为，直接询问这一方法非常有价值。如果我以这种方式寻求反馈，就意味着我在向朋友和同事发出邀请，请他们帮助我学习和成长。对方通常乐于反馈，而结果也是皆大欢喜的。

第5章　步骤四，积极获取反馈，从中看到真正的自己

阻碍你获得反馈的心魔

主动寻求反馈表面上看起来挺容易，但实际上很难。必不可少的反馈也可能意味着痛苦。阿什莉是一名普通的员工，当她在某项工作中苦苦挣扎时，她会逃避寻求反馈。她说："我不想在最困难的时候让别人知道我的窘迫。这样我就能争取一些时间，看看能否靠自己解决这个问题，或者通过在其他方面好好表现来弥补一下。"甚至连不拘小节的纽约市市长埃德·科克在面对下滑的民众支持率时，也不再用他标志性的问句"我做得怎么样"来打招呼了。

对于阿什莉和科克的感受与行为，很多人颇有共鸣。我们通过逃避反馈来保护脆弱的自我，因为我们担心这么做会显得软弱、缺乏安全感或缺乏自信。我们通过回避反馈，来维持这种好像只有自己能看到自己不足的错觉。一位年轻的管理者说："我担心寻求反馈会破坏我的权威形象。"许多经验丰富的高管都深有同感。

然而，寻求反馈会损害声誉根本是无稽之谈。这就是所谓的反馈谬论。有一项针对管理者的大规模研究，由他们的老板、下属和同事对他们做出评价。结果显示，积极寻求反馈的管理者被视为工作更有成效的管理者。当管理者对负面评价持开放态度时，寻求反馈的积极影响尤其明显。在另一项研究中，老板们对那些积极寻求反馈的新人的评价，远高于那些不积极寻求反馈的新人。

因此，即使寻求反馈可能带来短期的苦恼，也总比不做要好。因为你获得反馈并从中学习，就可能成为一个更好的领导者和同事，也能够树立更正面的形象。

不过，寻求反馈是很有挑战性的。每种形式的反馈都伴随着必须克服的困难。其中，隐性反馈的最大问题就是误读。肢体语言及其他微妙细节暗含的隐性信息很容易被误解。我最喜欢一幅漫画，画面上有一个老板和他的下属们围坐在会议桌前。老板脸色阴沉，对此下属们大脑里的想法完全不同：第一个人认为"他讨厌我的方案"，第二个人担心"我做错了什么"，而第三个人绝望地认为"我太老了，已经不适合这份工作了"。其实，老板想的是：铅笔不够用了。

类似的误解很常见。我们之所以对某一次演讲感到焦虑，可能是因为我们只关注那些反映了负面评价的行为和表情。相反，我们之所以对某一次演讲沾沾自喜，可能是因为我们只注意到听众表示肯定的反应。

一位担任顾问的朋友给我讲了一个他亲身经历的故事。有一次，他进行了一场全天培训，大约中午时分，他偶然发现一位客户在看表。他认为一定是自己讲的内容太无聊了或者讲得太慢了，于是便开始动作夸张，语速也变快了。

后来，这位客户对他的行为突然发生变化表示不解。朋友说："我之所以这么做，是因为你看了手表啊！"

"哦，我只是想看看是否有时间在午餐前再吃一个贝果。"那位客户说。

由此可见，通过观察获得的反馈存在一定的误读风险。不过，直接询问获得的反馈也有相应的隐患，因为这类反馈也可能不是最真实和完整的，尤其是涉及上下级之间的反馈时。下属往往认为自己应该报告上司想听的信息，上司可能因为担心打击下属的积极性或自信，而不愿给出真实的负面反馈。

即使我们愿意虚心接受开放而真实的反馈，也不一定能充分领会其核心信息。人们通常拒绝接受建议，特别是负面的建议。这就是人的本性。一项研究充分证明了这一点。在一项情商测试中，得分相对较低的参与者通常有两种反应：要么说"这个测试不准"，要么说"情商本来也不重要"。最关键的是，参与者都有机会购买一本关于如何提高个人情商的书。65% 的得分高的人买了书。而得分低的人，也就是最需要这本书的人，购书率只有 25%。

显然，要实现真正的成长，仅仅获得反馈是远远不够的。

摆脱心魔，获得真实有效的反馈

幸而，有很多策略能够解决大多数人面对反馈时的困扰。下文先从如何获取更有效的隐性反馈开始。

首先，要警惕自我觉知对反馈的影响。你自身的问题、所焦虑的事情和先入为主的观念，很可能让你的观点产生偏差。如果你对某件事情极其忧虑，就会对消极信号异常敏感。如果你认为某件事"十拿九稳"，就有可能对负面信号完全忽视。只要建立这种觉知，你就能够以更客观的视角去解释所见所闻。

你还可以将询问与观察结合起来。在通过观察来收集隐性反馈时，你不妨再通过直接询问来进一步深入探究，以检视你观察的结果以及从中得出的结论是否正确。研究表明，你可以结合这两种方法来辨别自己需要做什么和如何做得更好。仅依赖自己的观察而不寻求反馈，可能会导致信息误读。而如果仅依赖直接询问，且别人只说你想听的信息，你就无法了解真实情况。所以结合这两种方法，你可以获得更完整的认知。

其次，摸清规律也是明智之举。例如，当我在讲课时，如果有一个人在睡觉，那可能是他的问题。如果很多人都想睡觉，那很可能就是我讲得不好。

最后，你可以邀请他人一起参与观察。如果你担心自己忍不住长篇大论，导致会议冗长拖沓，那么你可以安排一个人来旁观你是否有这个问题。

还有一些策略能让通过询问收集到的反馈更有效。比如，让与你交谈的人感觉更舒服和放松，有助于你收到更有用、更准确的信息。

我们采访的一位领导者提到，他在 YouTube 上看到一位担任高管职位的主播在自己的电子邮件签名栏中加了一行字："评价一下我的运营能力怎么样。"如果收件人点击邮件，就会弹出一个匿名投票框。收件人可以输入任何内容，比如"我觉得你清晰地阐述了公司的战略，但缺乏说服力"。在电子邮件签名栏设置问题是挺聪明的做法。最重要的是，这明确告诉所有收件方，发送邮件的人真心希望得到真实的反馈，不管是正面的还是负面的。

在采用询问的策略时，你要仔细考虑何时何地寻求反馈。例如，在会议上公开询问现场所有人，并希望他们能诚实地回答你，估计就不太奏效。相比之下，一对一私下谈话的方式更适合询问，你很可能会得到与公开询问的结果非常不同的、更准确的反馈。

你也可以考虑采用匿名的方式来获取反馈，就像上文中担任高管职位的主播那样。越来越多的公司在努力获取匿名反馈。例如，凯森（Kaizen）软件公司创造了一些工具，使员工能够轻松地将获取反馈纳入日常工作流程。公司的核心价值与高弹性法则的理念不谋而合：每个人和每个组织一样，都能够掌控自己的成长之路。

某公司创建了一个可由个人管理的自动更新日期的App，在每次会议结束、产品交付后或在项目关键时间点，App会立即自动发送询问反馈的电子邮件。员工可以用这个App衡量自己对公司价值观的践行程度，并与人力资源部门分享结果。此外，员工也可以在个人成长方面应用这个App，寻求反馈。

寻求反馈时的表达方式也会起到关键作用。在面对面交谈时，你可以用自嘲的方式或表达无奈、无助的方式开场，抑或是采用其他符合你个性和风格的方式。对一些人来说，幽默的表达方式更适合；对另一些人来说，严肃一点可能会让他们更舒服、显得更真实。这样能表明你对真实反馈的态度——不管是积极的还是消极的。

你还可以尝试高管教练马歇尔·戈德史密斯（Marshall Goldsmith）的表达方式：寻求向前看的反馈，多询问自己如何在未来做得更好，而不是注重评价过去。

你可以告诉同事你想在哪些方面提升自己，比如，成为更好的倾听者、让别人畅所欲言地表达意见、更简短地回答问题等，然后询问同事如何实现这个目标，以面向未来的视角捋清对话思路能让对话更友好，减少评判，让对话的双方都更舒服。

在一家大型公立学校工作的财务人员马克·英格拉姆常问："如果你是我，你会怎么做？"他觉得这种措辞可以鼓励他人委婉地提出建议。还有一位管理者将反馈作为团队的一项常规日程。在每周一上午的员工会议上，她要求团队成员对她上一周的行为进行反馈。一开始，大家都不太适应。渐渐地，大家越来越放松，对说出心里话不再遮遮掩掩，更愿意开诚布公地畅所欲言了。

在收集反馈的过程中要时刻保持学习心态，这一点最重要。 高管教练斯塔沃基注意到，自己养成学习心态的习惯后，寻求反馈的效率更高了。她说："以前我总是关注自己，导致我在寻求反馈的时候压力很大，经常暗自忧虑我接下来该说什么、做什么以及备忘本上还写了什么。而现在我能够将注意力向外引导，从而专注地观察别人的言行和态度，而不是只关注自我。"

陈兵是一位风险投资机构高管，他帮助 YouTube 构建了价值数十亿美元的创作者生态系统。他认为他妈妈的话让他能够以积极的态度面对反馈："如果人们给你建设性的反馈，这意味着对你的尊重，他们希望你变得更好。当你不再收到反馈时，才是需要担心的时候，因为这意味着他们不再关心你了。"

你越能保持学习心态，就越能对他人的反馈保持开放和专注。著名教授兼作家布雷内·布朗（Brené Brown）认为，这是从"证明和追求完美"到"超越和学习"的转变。如果你能实现这种转变，就将受益良多并能做到持续地学习。

第5章　步骤四，积极获取反馈，从中看到真正的自己

让寻求反馈成为组织文化

寻求反馈是一项社交活动，需要人们进行互动。同时，这也反映出组织的文化，比如沟通模式、权力关系和其他行为规范等。如果你所在的组织并不鼓励寻求反馈，你就很难自由地给予或接受反馈。相比之下，如果组织中存在促进、鼓励和奖励反馈的氛围，学习和成长将成为组织成员的习惯。一名高管如此描述道：

> 诚然，你会做很多360°的审查，得到各级同事对你的评价，这些都有一定作用。但这都远不如建立鼓励反馈的组织文化。在这种文化的激励下，你的同级同事、董事会成员和上司乐于实时反馈。当你主持的会议出现问题时，他们甚至不必等待会议结束，便立即向你投来暗示的眼神："嘿，你把这事搞砸了吧！"你会立刻明白对方的意图并马上着手解决问题。

我在本书一开始介绍了领导者玛吉·贝利斯，她很幸运，因为她所创建并领导的公司拥有支持反馈的文化。贝利斯和团队成员都很乐意公开谈论工作中发生的事情，相互提供建议和支持，必要时还会提出建设性的批评。

贝利斯在刚接管公司的几个月里，就充分利用已有的组织文化来促进自我成长。她与几位合伙人和直属员工召开了几次反馈会议，来评估她的优势与劣势，这些人很熟悉她的工作风格。有时，她会针对如何提高个人效率和领导力提出开放性问题，比如"我能做什么来帮你将工作做得更好"。有时，她会针对具体的弹性目标或挑战性任务寻求反馈，比如"在昨天的会议上，我说的一些话影响了会议的进行。我如何说能让你感觉更舒服，让我们的讨论更顺利"。你注意到贝利斯提问的方式

了吗？她没有问："我这样说让你感到不舒服了吗？"因为这样问，对方的回答可能是"是"或"不是"。相反，她采用了开放式问题——"我如何说……"，这意味着邀请对方更深入地思考，并分享他们的更多见解。贝利斯和团队成员将反馈视为日常工作的习惯，让公司开放的学习氛围更浓厚。

如果你所在的组织与贝利斯的团队一样，将寻求反馈作为组织文化的一部分，那么你很幸运。然而，大多数人的组织环境不是这样的。但我们可以心怀善意，积极改变组织文化，促进更多的反馈。例如，高管可以效仿科克，鼓励建立组织的反馈文化，并真诚地请教同事效果如何。戴尔公司创始人兼 CEO 迈克尔·戴尔就是这么做的。他定期向客户和员工征求反馈意见的做法众人皆知。他还推出了"告诉戴尔"调查活动，要求员工每 6 个月向上司提出反馈。如果公司的领导者或非营利组织的管理者都能够像戴尔那样积极寻求反馈，就会对下属产生积极影响。当高管的行为开始影响中层管理者时，组织成员将更有安全感。组织成员将拥有共同的信念，敢于说真话而不怕得罪人，因为组织文化鼓励和奖励这些行为。这将促使各级员工都积极寻求反馈。

公司也可以通过培训和教育的方式来促使员工主动寻求反馈。寻求反馈存在马太效应。研究表明：那些对自己的工作能力深信不疑的人，更倾向于积极寻求反馈；而那些怀疑自身能力的人恰恰是最需要得到反馈的人，他们反而会逃避反馈。**管理者越能帮助员工提升技能，不断增强员工的信念感，员工就越愿意获取反馈，其成长之路会更顺畅。**

除了提升员工基本技能外，管理者往往还需要培训员工，让员工学习如何给予和接受反馈。前文提过的希望实验室的副总裁克里斯·马塞尔·默奇森，对此非常认同。他原来以为，这家小型非营利组织能做到以任务为导向得益于强大的组织文化，员工能开放地提供和接受反馈。但后来他发现，希望实验室过于强调家庭氛围，竟然导致员工对反馈充满了恐惧和焦虑。大家都太和蔼可亲了，担心反馈会伤害他人的感情，所以无法彼此坦诚。

默奇森为了解决这个问题，尝试各种方法促使员工之间更坦诚地对话。首先，他组织了多次小组讨论，让员工分享自己在给予和接受反馈方面的个人经验，包括进展顺利和不顺利的经验等。

其次，他组织了一次非正式学习聚会，员工可自由选择参加，在会上可以聆听嘉宾们的分享，了解更多关于寻求反馈的观点和做法。我作为嘉宾，分享了高弹性法则。他还鼓励每名员工写一份学习计划。计划包括个人的优势、需要提升的方面，以及向上司和其他同事寻求反馈的过程，以确定每个人最重要的成长目标。

再次，默奇森还努力提高管理者和直属员工之间的会议质量，允许员工越级参加会议，让上司的上司也可以参与到员工的学习中。

最后，默奇森请来了道格拉斯·斯通（Douglas Stone）和希拉·希恩（Sheila Heen），为全体员工举办了一次务虚会，以进一步提高员工的反馈技能。他们都是哈佛大学法学院教授，共同撰写了《谢谢你的反馈》（*Thanks for the Feedback*）一书。

你可能无法像默奇森那样，花大量精力建设组织的反馈文化。但是，他所尝试的策略可以启发你换个角度思考。如果你不是 CEO，而是一名影响有限的中层管理者，那么你可以先在小范围内运用这些技巧，逐步建设寻求反馈的部门文化。如果进展顺利，甚至整个组织也将逐渐转向寻求反馈的文化。如果寻求反馈成为组织文化的一部分，那么每个人都会从中受益。

莉萨·道（Lisa Dawe）在达维塔公司（Da Vita Inc.）晋升为管理者，该公司是一家为肾病和慢性肾衰竭患者提供透析服务的医疗公司。莉萨·道和其他几名同级别的管理者作为高潜初级管理人员被邀请参加公司高层务虚会。在第一天晚餐后，他们被分成几个小组，他们需要准备一个案例，在第二天向高管小组汇报、讲解。当莉萨·道和团队成员陈述案例时，一位高管指出了不足之处，严厉批评了他们。莉萨·道反驳了高管，为他们的工作成果辩解。

当天晚上，另一位高管对道说，她的行为不妥，并指出她应该虚心听取和接受反馈意见，不要一味地为她的团队辩解。她吃了一惊，自己犯错了，是不是没有通过这个临时安排的测试？自己还有没有可能获得晋升，成为中流砥柱？

莉萨·道大可除了参加会议就闭门不出，暗自神伤。但相反，她决定就自己的行为向他人寻求反馈。接下来的几天，她找机会与几名高管交谈。她讲述了自己对所发生的事情的想法，请他们谈谈对她的行为的看法，并给出建议。结果，她得到了很多反馈，也获得了其他人的谅解，他们说"遇到'颠簸'并不奇怪""不要担心""下次你可能要慎重考虑某件事"。就这样，她从这段痛苦和尴尬的经历中汲取了宝贵的学习经验。

莉萨·道在一年后获得晋升，速度之快超出了她的预期。几位高管在向她表示祝贺时，都提到了那次务虚会以及她如何处理争议的事。她证明了自己有能力在公司最高层生存，并具备在逆境中生存所需的技能。

第5章　步骤四，积极获取反馈，从中看到真正的自己

寻求反馈并不仅仅对有野心的员工和中层管理者很关键，对于企业最高层的领导者来说，同样具有价值。

我邀请过一位广受尊敬的公司 CEO 为斯蒂芬·M. 罗斯商学院的 450 名 MBA 新生演讲。他的演讲非常成功。后来他给我发了一封电子邮件，请我评价他的表现。其他演讲者很少像他这么做。我出于礼貌，高度评价了他的演讲，但也提出了一些批评和建议，比如，他多次提到了哈佛大学，而顶级商学院的大多数学生并不乐意频繁地听到友校的名字。

这位 CEO 立即回信表示感谢我的反馈，并承认反复提及哈佛大学确实不妥。信中后面的内容让我十分惊讶："我抄送了公司其他高管，他们会帮我在未来做出这方面的改进！我的孩子们也知道了，他们了解到我的演讲很有价值，但仍有很大的改进空间。"试问，哪位 CEO 会向同事和孩子分享他得到的反馈呢？

最后也是最大的惊喜姗姗来迟。那一年，这位 CEO 又向其他几个 MBA 项目的学生作了一场演讲。年底时，他给我写信提到，他听取了我的反馈并努力改进，他的演讲有了很大的进步，他还向我保证他再也没有提到过哈佛大学，一次都没有！

现在你可能非常想知道如此认真对待反馈的 CEO 到底是谁。他就是肯特·西里（Kent Thiry），当时他是达维塔公司的 CEO。莉萨·道就在这家医疗公司任职并获得晋升，虽然她获得晋升的一部分原因是她愿意通过反馈来学习和成长，但该公司的反馈文化也功不可没。西里在达维塔公司创造了寻求反馈的组织文化，部分归功于从上至下的热情支持和鼓励。

无论你做什么工作、在什么类型的组织中，你都有一群利益相关者，他们的支持对你很重要。寻求反馈是有效管理你与他们之间的关系，并从他们那里获得信息的方式之一。寻求反馈可能很棘手，有时也让人很痛苦，但它所带来的回报是非常明显的。如果你采用高弹性法则，他人的反馈将帮助你判断哪些实验是有效的、哪些是无效的，未来应该在哪些方面投入精力，以及如何更有效地继续学习和成长。

THE POWER OF FLEXING

高弹性行动指南

1. 寻求反馈有两种策略，一种是询问：正式或非正式地、直接或间接地询问他人的反馈。另一种是观察：关注周围人的行为与反应，包括口头或非口头的隐性反馈。
2. 要获得有效反馈，首先要警惕自我觉知对反馈的影响，不要让先入为主的观念影响你的观点。其次要摸清规律。如果一个人觉得你有问题，那可能是他有问题；如果很多人觉得你有问题，那可能是你有问题。最后要邀请他人一起参与观察。

THE POWER OF FLEXING

How to Use Small Daily Experiments to Create Big Life-Changing Growth

第 6 章

步骤五，反思，最大程度地榨取经历的价值

经验不是你遇到过的事情，
而是你怎样处理遇到的事情。

THE POWER OF FLEXING

第 6 章　步骤五，反思，最大程度地榨取经历的价值

我在斯蒂芬·M.罗斯商学院任职高级副院长时，偶尔会接到为其他学校评估课程的邀请。这是一些学校获得国际高等商学院协会（AACSB）的课程认证或更新认证的必经程序之一。

我将邀请信转发给会计系主任和另一位教师，请他们帮忙审查。我知道他们有多忙，所以客气地附上一段话："请帮助审查某大学 × 院系的教育质量。不用花太多时间，这件事没那么重要，我只是需要各位提些意见。"

会计系主任一向强势，他毫不客气地回复了我的邮件。他措辞犀利、怨气冲天。他在信中写道："苏珊，如果有人要求你做某件事，却说这件事并不重要，这非常令人反感！此外，当下有那么多财务丑闻，你却要求审查人员别花太多时间就出具证明，这对财务工作简直是一种冒犯。"

我大吃一惊，一名教职人员怒气冲冲地回复副院长实为罕见。我震惊之余冷静下来思考到底怎么回事，我在其中扮演了什么角色，应该从中吸取什么教训。

我平常很少反思。与大多数专业管理者一样，我的工作日白天被工作占满，而我的晚上和节假日都归三个孩子与丈夫所有，他们都需要我的关注与陪伴。我告诉自己没时间进行反思。但是，对于任何真正想从自己的经历中不断学习的人来说，反思是一个至关重要的步骤。

我们的经历值得细细反思。人生最重要的收获往往来自生活中的危急时刻，包括重要的过渡时期、失败的经历、令人烦恼的遭遇等，我们从这些经历中可以更了解我们是谁，我们擅长什么，我们到底看重什么，等等。有时候，一些转瞬即逝的事件也会带来重大的提示，比如我的上述经历。不管哪一种经历，只有深刻反思所发生的事件及其对你产生的影响，你才能获得学习的价值。

想要学习，就要通过系统性反思来审视过往经历、总结经验教训，为未来做准备。反思时，你需要回顾所发生的事情并思考如下问题：

- 我在实现既定的弹性目标上有进展吗？为什么？
- 我获得了哪些反馈？这些反馈带给我什么启发？
- 我应该继续朝着现在的目标努力——也许应该尝试新的路径和实验，还是应该设定一个新的目标，才能得到最佳的学习效果？

这些系统性的问题能够帮你形成新的观点和理念。虽然反思非常有价值，但对大多数人来说，反思并不是自然而然发生的，我的亲身经历就证明了这一点。缺乏系统性反思，会导致经验一闪而过，这样我们就无法达成学习目标。我将在后文再续我与会计系主任的故事，现在我们先来思考一下，为什么有这么多人像我一样，认为系统性反思是一个挑战呢？

我们为何抗拒反思

大多数人对反思望而却步，即使付诸行动，也要么是拖延，要么是草草了事。这一点很遗憾。研究证实，人们不喜欢反思，甚至害怕反思。大多数人貌似不情愿独自面对自己的想法和感受。有人指出，以忙碌为借口逃避反思，就是一种对反思的无意识抵抗。

这种倾向非常普遍。著名的领导力学者、康蒙·考兹（Common Cause）公司创始人约翰·W. 加德纳（John W. Gardner）提出：人类善于运用各种巧妙的手段来自我逃避。加德纳列举了许多逃避方法并得出结论："大多数中年人都沦为成功的逃亡者。"他认为人们在逃避他所谓的"恐惧但美妙的内在世界"。

加德纳说对了。虽然现代人常把苏格拉底的名言"未经审视的生活是不值得过的"挂在嘴边，但我们似乎更喜欢行动而不是思考。我们匆匆忙忙地完成没完没了的事，并说服自己这就是社会对我们的要求。研究报告证明了这种模式，管理者以超快的节奏解决问题、"救火"和管理危机。他们遗憾没有时间去真正反思。诗人和组织思想家戴维·怀特（David Whyte）说："速度成为我们的核心竞争力。"他还认为我们"远离了内在的痛苦和脆弱"，但也远离了可能由此带来的成长。

高管教练杰里·科隆纳撰写了领导力方面的图书《重启：领导力和成长的艺术》(*Reboot: Leardership and the Art of Growing Up*)。他也观察到这个现象。忙碌对大部分人来说已经成为一种习惯并融入我们的自我形象。科隆纳说："成功和金钱，以及创造这些所需的忙碌的生活节奏，已成为一个人的价值证明。"

科学研究证实了人们不愿意反思的现象有多么普遍。在一项研究中，参与者需要花 15 分钟独处并有两个选择：直面自己的想法与感受，或者接受电击。67% 的男性和 54% 的女性选择了电击，而没有选择直面自己。实验期间，参与者平均选择接受 3 次电击，其中有一个人甚至电击了自己 190 次！他是多不喜欢直面自己啊！

在最新的一项研究中，参与者被要求执行一项需要一些策略才能完成的任务，这项任务包含几轮活动。第一轮活动结束后，参与者面临两个选择：要么在休息时间继续练习；要么对所做的任务进行反思，检查哪些策略是有效的、哪些是无效的。结果很明显：选择继续练习者的数量是选择反思者的 4 倍以上。不知何故，大多数人认为加倍努力比反思更有意义。

我们采访过很多商业领导者和其他有思想的人，他们都在自己与同事身上观察到了同样的现象。第 3 章提到的津杰曼社区联合企业的创始人兼 CEO 阿里·韦茨韦格说："商界人士不会承认'我们从不回顾自己到底做了什么，我们只顾向前走'。但这就是事实。我们没有接受过反思的训练。"无独有偶，资深企业家米歇尔·克拉姆（Michelle Crumm）告诉我们："反思需要时间，但人们已习惯于冲锋陷阵，忘记了反思可以让我们变得更好。"韦茨韦格经常引用 20 世纪哲学家罗洛·梅（Rollo May）的话，以更精准地描述这种尴尬："人类通常在迷失方向

第 6 章　步骤五，反思，最大程度地榨取经历的价值

的时候跑得更快，这个习惯多么具有讽刺意味。"

杰出学者简·达顿也在职业生涯中发现了这种倾向。她一直逃避正视自己因缺席了两个女儿的成长而产生的焦虑感。她坦言："我一直很忙，我不想白天在这种痛苦中纠结。由于无法陪伴她们，我感到深深的遗憾、羞愧、伤心和自责。"她退休后，才开始真正反思和正视这种痛苦，并采取行动，更多地参与女儿们的生活和陪伴她们。她将这一人生的新篇章视为"与无法陪伴她们的过去和解"，这是一种精神救赎。

像达顿一样，许多人会直到某个人生转折点时才开始反思。研究员亚当·奥尔特（Adam Alter）和哈尔·赫什菲尔德（Hal Hershfield）发现，当人们的年龄即将进入下一个 10 年时，比如 49 岁，往往更有动力审视自己生活的意义，并参与更多寻求意义的行动。有一项统计结果有力地证明了这种"新起点效应"：在首次参加马拉松比赛的人中，年龄个位数是 9 的人数比例高达 48%！

无论何时何地，反思都是一项强有力的实践活动。这一章的目标便是说服你多进行反思。

反思能带来哪些收获

克拉姆的观点是对的，反思是学习的重要组成部分。在上述研究中，倾向于额外练习的参与者是选择反思的参与者的 4 倍，但后者的最终表现比前者优秀。反思的过程会让人意识到问题的症结，并做出改变，从而提升表现。

在培养相对复杂的个人技能方面，反思尤其有价值，而这正是高弹性法则的重点。**反思是一种完全可以由个人掌控的有效工具，投入时间和精力去反思的人，必将收获诸多益处。**

一项研究也证明了这个结论。一些专家采用经历取样法，来调研 6 种情绪调节方法的有效性。他们发现，反思过程非常有价值，它与增加积极情绪正相关，尤其是在女性身上。

在另一项研究中，一批新入学的 MBA 学生参与了一系列旨在提高领导力的实验项目。新生完成了所有项目后，以小组形式进行讨论。一半小组采用指定的系统性反思模板，而另一半小组只需要围绕过去一年的经历进行简单讨论。在第一学年结束时，经验丰富的观察员提供的评分显示，进行系统性反思的小组成员相比随意讨论的小组成员，展现出更强大的领导力和更明显的领导潜能。在校园招聘季期间，企业到学校挑选实习生，前者比后者获得聘任的比例高 9%，起薪也高 10%。显然，学生经过系统性反思，不仅能发展出更优异的领导力，还能够收获更多的学习价值。

斯蒂芬·M. 罗斯商学院有一个为期 7 周的全日制小组咨询项目，我们从参与的 MBA 学生身上也发现了类似的由反思带来的积极效果。在这类项目中，通常会引起争议的问题就是谁当领导者、谁当组员，我们并不会指定谁是领导者，所有参与的学生都是平等的同事。为了研究反思是否能促进个人成为领导者，我们在项目中期询问了所有学生四方面的问题，以了解其反思的程度：小组追求的目标、采用的方法、在小组中的个人关系，以及如何影响正在发生的事情。当项目结束时，我们再次跟进整体情况，发现充分参与了系统性反思的学生更有可能被视为领导者。反思使他们能够合理评估小组的工作情况、所需要的支持，以

第 6 章　步骤五，反思，最大程度地榨取经历的价值

及为小组提供支持的最佳方式。

小说家和散文作家赫胥黎有句名言："经验不是你遇到过的事情，而是你怎样处理遇到的事情。"反思你的经验可以使发生在你身上的事情成为你学习和成长的源泉。

将反思变成习惯的 4 个技巧

虽然大多数人无法严格地进行反思，但我们应尽可能地通过系统性反思来积累日常经验。系统性反思有很多技巧，经验丰富的领导者可以根据生活和工作的具体安排以及思维方式，决定采用哪些技巧。

技巧 1：留出固定时间反思

在斯蒂芬·M.罗斯商学院，我们鼓励 MBA 学生采用的方法是：追踪生活和工作中重要或复杂的经历，花时间对这些经历进行系统性反思。这可以让你更了解自己，同时更深入地了解所面临的挑战，增强与他人沟通自己的想法的能力。对于耗时较长的经历（比如一段麻烦的关系、一项有挑战的工作、一个特定的项目或一项复杂的任务等）来说，在此过程中进行系统性反思尤其具有价值。

将系统性反思变成习惯的一个方法是，在日程中设定一个较短的、固定的反思时间，就像保持每日运动一样。戴安娜·特伦布莱（Diana Tremblay）拥有近 40 年的制造业工作经验，她是通用汽车公司负责全球业务服务的前副总裁，她利用每天 1 小时的通勤时间来思考一天中的

成与败。前文提过的金融科技公司的 CEO 安德斯·琼斯，则利用早上洗澡的时间进行反思，那时他通常头脑清醒，洞察力很强。

高管教练卡林·斯塔沃基在某个项目结束后，会尽量找时间来思考刚刚发生的事情。有一次，她结束演讲后离开房间时进行了快速能量检查。她是这样进行检查的："我扫描自己的身体、情绪，并自问感觉如何，比如，我紧张了吗，我兴奋吗，我感到轻松吗，我的情绪是否平和。我还会自问今天的研讨会怎么样。"她觉得这样反思的效果很棒，之后便将这种方法坚持下去。

虽然事后提问不像研究中的反思方式那么系统化，但好处是她能够快速反思并专注于自己的学习目标，即树立生动活泼的演讲风格。她采用的即时、积极和愉快的反思方式与高弹性法则非常一致。**挑战某件事，并在再次尝试之前或者尝试新事物前，对上一次的经历进行反思，这就是高弹性法则的精髓。你的成长由你掌控：随时尝试新事物，从经验中汲取价值，逐渐完善并提升自己的表现。**

斯塔沃基在日常反思中尤其关注极端情绪。如果她感到超级兴奋，她就将其视为一个重要线索，当时肯定发生了某件特别让她感兴趣的事。她会顺着这种情绪深入思考，当时到底发生了什么。她说："我会打破砂锅问到底，找到那种重要情绪的核心。"

相反，如果她在走出房间时感到疲惫，就意味着刚才出现了让她感到困难的情况。她会反思产生这种感受的原因及其意味着什么："到底是因为这次讨论，还是因为周围环境？当时我能否再做些什么来调整气氛？"她通过诸如此类的反思培养了深刻的洞察力，从而能在下一次研讨会上表现得更好。

信息技术专家梅甘·弗曼说，她与斯塔沃基一样长期坚持日常反思。但她了解到弹性的力量后，决定改变反思的内容，转而专注于她所设定的弹性目标。换句话说，她决定将反思问题从"那件事做得如何"转变为"我朝设定的目标前进了多少"。你要问自己的具体问题，取决于你设定的学习目标、所进行的实验性质，以及你希望发掘的洞察力。你要付出时间和精力来回顾、反思自己的经历，并审视它们对你的价值。

技巧2：以写作的形式反思

很多人都体会到记录自己一天的想法、感受和反应是一种特别有价值的反思方式。希希尔·麦罗特拉（Shishir Mehrotra）是硅谷的一名企业家，他的事业正处于高速发展期。年仅39岁的麦罗特拉已在全球几家最大和最具创新性的数字化巨头企业担任领导职务，充分发挥了他在数学和工程方面的专业能力。最近，他凭借自身的知识、创造力和资源网，在硅谷成立了一家软件公司，雏形产品已开始在业界产生巨大反响。麦罗特拉热衷于系统性反思，开发了一系列反思的工具和技巧。其中之一就是反思日记，他通过写日记来反思自己所遇到的挑战或问题。

麦罗特拉说："我经常在度假时或出差坐飞机时写反思日记。"我会思考一直困扰我的事情："为什么我离开会议室时总是感觉不舒服""我每天早上从压力中醒来，是因为昨晚睡觉时邮箱里还有许多未回复的邮件"。一旦确定了问题是什么，我就开始写下自己对这些问题的随机反应、想法和观点。很多时候，解决方案就是这样萌芽的，然而，通常不是在我写下记录的第一天，而是在几天或几周之后出现的。我喜欢随身携带反思日记的原因之一是，我可以在有几分钟空闲的时候打开日记，并从中学习。"

津杰曼 CEO 阿里·韦茨韦格写日记的习惯保持了 30 多年。他每天早上花 20 至 30 分钟写下心中的任何想法。他发现，如果他哪天跳过这个环节，那一天都会不顺利。他说："我宁愿早一点起床写日记，这样一整天都会很顺利。我不冥想或打坐，对我来说，写日记就像做大脑瑜伽一样。"他也很欣赏写日记的简单之美："这件事的成本很低，基本是零。你只需要纸和笔，或手机和手指。"

密歇根州立大学的教务长劳拉·布莱克·琼斯（Laura Blake Jones）说，最好的反思方式就是"用笔和纸，在写作中思考"。琼斯并非每天都写日记，不过她会记录自己的生活目标和工作目标，以便随时随地拿出日记本来进行反思。比如长途飞行的时候，她会利用这段安静、无人打扰的时间，不回复电话或邮件，只静静地回顾自己的目标、反思目前的进展，并做好笔记。她养成了这种定期书面反思和每周日晚上回顾的习惯，她会时常自问："还有哪些是我没做到的？下周还可以做什么？"

斯科特·布朗（Scott Brown）在服完兵役后，成为一家智囊机构的负责人。他坚持写决策日志，包括自己所做的决策及其背后的原因。他在 6 个月后会再次审视自己之前做不同决策时的过程与理由，并进行反思。他自问："事后看来，我的选择是正确的吗？假设是否正确？在决策过程中是否考虑充分？"

对于专业人士来说，最好的方法是通过某种形式的写作来完成反思，无论是精短小文还是长篇大论，正式的还是非正式的，经常提笔或者偶尔为之，都有助于反思。但写作并不是唯一的反思方式。

技巧 3：以讨论的形式反思

有些人更愿意以互动的方式反思自己的经历，而不喜欢独自反思。我问简·达顿如何从经历中学习，她直接回答："很多反思过程都是我跟朋友们一起进行的。"这代表了许多人的做法：通过一对一或一对多的反思活动，与他人分享并讨论自己正在努力学习和掌握的新技能。

邀请他人参与自己的反思，会在其中注入更多的活力和能量，让自己更有责任感、更深入地进行反思。

汤米·维德拉（Tommy Wydra）颇具野心，周围人都知道他这一点。作为密歇根州立大学的一名本科生，他主修神经科学并担任学生会主席。毕业后，他一边努力完成非脱产 MBA 课程，为加入麦肯锡的咨询工作做准备，一边在密歇根州立大学医学院开展一项为期 3 年的金融发展项目（FDP）。这个项目具有双重目的：为卫生系统的财务工作做出贡献，同时提升参与者的个人发展。

汤米·维德拉以此方式增强自己在成长中的责任感，他邀请金融小组的所有成员参与他的反思。维德拉向在密歇根州立大学医学院财务发展项目的同事们介绍了高弹性法则的理念。大家很快意识到这个法则的巨大价值，还发现大家需要找到"合伙人"，确保始终实践高弹性法则，尤其在反思这个环节。维德拉说："虽然我非常想靠自己完成，但密密麻麻的日程安排让这件事变得不现实。而当我发现日历上标注了与同事约定的工作汇报时，我就必须提前抽出时间思考近期采取的各种措施效果如何，还有哪些地方可以改善。"

马歇尔·戈德史密斯（Marshall Goldsmith）是一位知名高管教练，

他采取了另一种反思技巧。他每晚都会给朋友打电话，对方会问他为自己准备的一系列问题。然后，他问朋友给自己准备的问题。这个简单的过程使双方都专注于自己希望获得成长的方面，同时还能负责任地认真完成这件事。

如果觉得晚上打电话的方式太刻意，还可以考虑如何让反思更自然地融入日常生活，比如，每周安排固定时间与同事或伴侣进行反思式问答。斯蒂芬·M.罗斯商学院将这个做法纳入高管 MBA 课程，在学生住校期间，每月为学生留出 10 分钟，让学生互相提反思式问题。学生的学业繁重，除此之外，还需要时间和精力处理家庭、工作、社区活动及其他事情。商学院的安排使学生在这种十分忙碌的环境下仍能聚焦于个人成长。

技巧 4：以分享的形式反思

企业家麦罗特拉说："每次有人请我演讲或接受采访，我都尽可能地参加。因为我发现，尽管'被逼着'详细地解释和谈论自己的工作，但我总能从中学到新东西。我还体会到，在课堂上讲授所知所学能帮助我反思知识体系、加深理解和延伸出新的见解。因此我在公司推行一项措施，让团队成员轮流做新员工入职培训与指导工作。通过让每名员工担任入职培训的讲师，能让所有人清楚、准确地理解公司运作的细节。教学，就是最好的学习方式。"

如上文所述，有很多方法可以让反思成为生活的一部分。我建议你尝试不同的方法，找到最适合自己的，再根据实际情况及时调整。**最重要的是，如果你下定决心要持续不断地进行反思，就需要先建立一个反

思的框架。智囊机构负责人布朗建议，当你计划了某次会面或启动某个项目时，也应该安排反思这件事的步骤和时间。建立这样的习惯将帮助你克服人多逃避反思的通病，从反思中获益。

THE POWER OF FLEXING
高弹性小贴士

反思的 3 组最佳问题

要及时掌握学习目标的进度。在一次至关重要的经历结束后，思考以下 3 组问题。

第一组问题：发生了什么，结果是什么？

A. 如果有摄影机，我会录制哪一部分，哪些镜头展示了我的偏见和焦虑？

B. 我是否完成了为实现目标所设计的实验？
   - 如果没有，为什么？
   - 什么障碍使我退缩？（既要考虑情景障碍，也要考虑内部障碍，如恐惧、焦虑或要面子。）

C. 在这种情况下，我有没有根据自己的意愿，通过观察或询问向他人寻求反馈？
   - 如果没有，为什么？
   - 如果收到了反馈，那么我为了实现弹性目标所做的努力够吗？

D. 在这次经历中，我得到了哪些积极和消极的结果？对他人产生了哪些积极和消极的结果？

第二组问题：为什么事情会如此发展？

A. 我是如何推动事情积极发展或促使消极进展的？

第三组问题：我从这段经历中得到了什么经验教训？
- A. 关于自己最重要的收获是什么？
- B. 从此次经历中能学到什么？
- C. 如何评价设定的目标？
  - ◆ 我仍然需要朝这个目标努力，是否仍应该将它作为未来的一个学习重点？
  - ◆ 我已经实现了这个目标，是否应该转向其他目标了？

3 个实用的反思主题

反思可以通过多种方式进行，不管是自我反思、写日记、提反思式问题，还是向他人传授所知所学。但有时最大的挑战不在于如何反思，而在于反思的主题。以下是我们采访过的专业人士提出的建议，非常有价值。你不妨大胆尝试这些主题，看看哪些适合你。

主题 1：深刻的事后反思

深刻的事后反思过程包括 3 大步骤：搞清楚实际发生了什么，思考前因后果，总结经验教训。你所经历的某件重要的事情，不管结果好坏，其过程都是有意义的。比如，工作中令人不安的挫折、一次意想不到的机会或者一场令人困惑的误会。

第一步要求你将客观现实与大脑中的臆想区分开来，就像观看纪录片那样去观察，你将发现个人看法会因焦虑、欲望或扭曲的心态而产生偏差。根据高弹性法则，你需要问自己："我有没有完成为实现目标而设计的实验？如果没有，那是为什么？我有没有向他人寻求反馈？如果没有，那是为什么？如果有，反馈的内容是什么？我对自己和他人产生了什么影响，是积极还是消极的？"

第二步要求你思忖因果关系，你需要自问："为什么事情会如此发展？我在此事中扮演了什么角色？还有哪些因素影响了事情的发展？"比如社会或商业环境、他人的行为、可用或匮乏的资源等。

第三步要求你思考从此次经历中得到的收获。你在哪些方面加深了认知或者在类似的挑战中学到了什么经验教训？同时，你还需要结合自己的学习目标来反思此次经历，你快实现目标了吗？你是要继续朝着原有目标努力，还是应该更换一个新的学习目标？此次经历是否提示你应该设定新的学习目标？

通过反思的3大步骤，你能够从某次经历中充分挖掘成长的潜力。

主题2：对生活中积极面的反思

前文提到的埃里克·马克斯有20多年的行政管理经验。他利用早上开车的时间进行反思，反思重点是思考并找到生活中幸运的事情。这样做的目的是从一个特殊的视角来审视当下的工作与境遇，让自己明白，不管经历多大的变化与挑战，自己都在成长并获益。他的经验证明了有意识地关注经历中积极与正面的因素，有助于继续乐观地行动并提高效率。

一位多次创业的工程师加文·尼尔森（Gavin Nielsen），以感恩开启新的一天。感恩的内容可能是建立了某种联结的时刻或获得的成功、充分表达了自己的创造力或者在工作中体验到的快乐。

之后，他才开始反思不顺利的事情、遗憾的时刻、自己想做其他尝试的时刻或者阻碍了自己发展的时刻。在结束反思时，他会利用一天中最后的时间，为下一步能够采取哪些新行动设定一个新目标。他每天只需要花15分钟进行反思，但反思的内容非常丰富。

密歇根州立大学桑格领导学院新任院长林迪·格里尔的系统性反思也有固定的套路。她的方式很容易记住，由6个字母（A、E、I、O、U）表示。每个字母代表一件重要的事情：A（Abstain）代表放弃，即今天放弃了什么，特别是一些令人麻木或不健康的事情，如追电视剧、刷社交媒体或过量饮酒；E（Exercise）代表运动；I（I）代表自己，即今天为自己做了什么；O（Others）代表他人，即今天为其他人做了什么；U（Unexpressed）代表你感受到但并未表达出来的情绪，即今天有没有完整表达自己；Y（Yes）代表肯定，即什么事情让你感到兴奋。

有一项研究探索了专注的反思行为的潜在影响。在研究中，领导者被要求每天反思3件事：列出自己所擅长的有助于成为优秀领导者的3件事，或列出让自己引以为豪并促使自己工作表现出色的3项个人成就。研究发现，每天像这样反思的领导者精力更充沛，对他人产生的影响更大，而且在工作中能够施加更大的影响力。

通过这种内涵丰富、系统的反思方式，你可以对一天做全面的复盘，即使只有几分钟的时间，你也能完成这个简短、轻松的练习。

主题 3：跳出自我意识的反思

除了表达感恩之情，马克斯还进行超认知练习。这要求他跳出自己的意识，从外部观察自己并进行反思，就好像所面对的不是自己而是其他人一样。马克斯解释说，在他无法决策、纠结难定的情况下，这个方式尤其管用。他说："当我的大脑中有两个不同的想法在'打架'时，我就会扮演两个不同的角色，让两个'小人'互相交谈，就像自己与自己进行谈判。"

马克斯的超认知技巧让我想起心理学家伊桑·克罗斯（Ethan Kross）的研究，他称之为心理疏离。克罗斯观察到，人们往往无法深刻反思负面的经历，是因为过于情绪化地陷入让自己难受的回忆中，所以无法客观地进行反思。

因此，克罗斯测试了一种可以有效转移个人视角的简单的技术，即用第三人称进行反思，例如，问自己"苏，你从这件事中能学到什么"，而不是问"我从这件事中能学到什么"。克罗斯发现，与自己刻意拉开距离的技巧可以帮助人们减轻痛苦、减少负面情绪，重新看待负面经历。它还可以帮人们学习更多东西，并提高韧性。

前文提到的杰夫·帕克斯坚持另一种心理疏离的方式，那就是跑步。他习惯在跑步时思考一个棘手的问题，因为这样他能够跳出当前情绪并向外看，从更宽泛、更客观和更有创造性的视角来看待这个问题。

我们很容易陷入痛苦的回忆中，甚至忘记了学习和成长的目标，反而让自我批评占据了上风。克罗斯提出的以第三人称审视自己的技巧，可以帮我们避免这种无益的情绪反刍。

用学习心态反思

在第 2 章中，我们探讨了学习心态的重要性和价值。其实，学习心态还可以帮助你进行更效和更深刻的反思。研究表明，在具有学习心态的人的大脑中，与学习有关的神经活动会增强，这是他们从反馈中受益的表现。

面对失败经历的心态尤为重要。一项研究发现，晋升失败的人往往会有两类不同的反应。一类人会陷入嫉妒和不公平的情绪中，他们的思维局限于当下对自己的认知。换句话说，他们习惯采用固定思维："我就这样了。"研究人员发现，这种思维方式会导致悲观主义和防御心态的产生，导致人们很难持续成长。研究人员说："如果人们只从不受自己控制的外部找原因，那就真的没有成长的发力点了。"

相比之下，另一类晋升失败的人则会以从长远来看让自己获益的视角回顾这段经历。关键在于如何把这段经历改写成一个关于自我成长的故事：我从中学到了什么新东西，如何利用这段经历在未来职业生涯中更好地成长。研究人员表示，如果对自己说"对于这个结果，我负有一定责任"，或者说"我本可以做点不同的尝试"，就意味着他们准备好从经历中吸取经验教训了。

学习心态能帮助人们从纠结自己的能力如何，转向思考如何做得更好并找到实现目标的方法。也就是说，人们由此可以不再琢磨"我在工作中是否充分表现了自己的能力，是否显得比别人的工作能力强"，而是行动起来，找一位导师，争取更多的时间以完成任务，向别人寻求帮助，等等。

第 6 章　步骤五，反思，最大程度地榨取经历的价值

这项研究的核心结论是，如果你经历了一件糟糕的事情且后果很严重，或者你觉得某段重要的关系或职业生涯受到了负面影响，那么你仍然要敞开心扉，尽量从中汲取学习价值，尤其需要搞清楚你在这件事上发挥了什么作用。虽然过程很痛苦，但这是最重要的学习。如果你只会指责别人或归因于不受自己控制的外部因素，那就真的做不了任何改变，也学不到任何东西。

我采访过一位知名的电视记者约翰·彼得斯（John Peters）。他通过反思痛苦的经历，培养了学习心态。当他还是一名初出茅庐的电视记者时，参加了一次试镜，在一次模拟新闻报道中临时接到一条爆炸性新闻，导播在耳机里告诉他地球另一端刚刚发生的事件：一架飞机在飞行时被击落。在毫无准备的情况下，他原地愣了好几秒钟，表情扭曲而痛苦。制作人因此认为他无法胜任广播工作。结束试镜时，他沮丧极了，一度怀疑自己的电视新闻生涯还未开始就已结束。

然而，随着时间流逝，彼得斯将这个沮丧时刻视为成长的跳板。他说："我牢记这次试镜的教训，努力从中学习，反思最大的教训是什么。我曾以为，很多时候机会只有一次，这次机会太重要了，足以决定成败。但事实并不是这样的，给自己留点余地，去勇敢地面对和处理这些经历，之后继续往前走，就能朝着积极和正面的方向前进。"如今，彼得斯已经是美国一个大城市的一家主流电视台的主播，荣获了多个奖项。

消除过去对现在的不良影响

有时反思是个人化的练习，特别是当你希望处理好复杂的人际关系时，反思会涉及情商、自信心、自我意识，以及你与他人的联结方式。

迈克尔·威特休恩（Michael Witthuhn）曾担任美国外交事务专员。他会花大量时间反思过去，试图了解童年经历如何塑造了自己成年后的个性和品格。

我们都像威特休恩一样，深受以前的人生经历的影响。我们从中学会了为人处事，而这些学习往往是在无意识中发生的。这些经验教训被直接写入我们"大脑的硬件"，形成了下意识的行为和反应模式，以不易察觉的方式影响着我们。

如果我们花一些时间了解自己"大脑的硬件"，就可以大大提升个人效率，更好地控制情绪、了解行为根源，更清晰、客观和完整地处理困难的情况。而我们在大学期间、刚开始工作时及以后的人生中学到的经验教训，可以被理解为我们"大脑的软件"。它们也对我们产生了影响，但我们能有意识地察觉并加以运用，还可以改变它们。

威特休恩的反思方式并不容易，不仅耗费时间，有时还会让人很痛苦。如果你想深入挖掘自己的早期经历，最好在专业咨询师的建议和指导下进行。

再回头来看我与会计系主任的冲突，这让我很痛苦，所以我逼着自己进行了反思。我思考为什么自己会以这种无效的、不近人情的方式请求他的帮助，后来才意识到这种行为的根源甚至能追溯到我的童年。我的原生家庭是一个有着8口人的大家庭。

尽管现在从成年人的角度来看，我能理解当时父母快被沉重的养育责任压垮了，但我小时候并没有完全意识到这一点。不过，我们6个兄弟姐妹从小就知道尽量不去麻烦父母。

第 6 章　步骤五，反思，最大程度地榨取经历的价值

我小时候总是逃避寻求帮助，至今想起来仍历历在目。有一次，我正在车库的工作台上做一项小手工，爸爸碰巧看见，还说要帮我。我记得自己当时觉得很焦虑，只想着赶紧把活儿干完，这样爸爸就会觉得这件事并不那么重要，他就不用花时间帮我了。显然，我从小就学到一个强大的生存技巧：从不对他人提要求。如果我必须寻求帮助，那就尽可能少给别人添麻烦。

这样的经历从童年起就悄无声息地刻入了我"大脑的硬件"。即使我成年后也深受影响。如果我在要求下属做事的同时，还告诉下属这件事并不重要，我就永远不会成为一个能激励下属的领导者。这个例子还说明，有时一件小事能促使我们深刻地反思。小时候我与父亲的这次互动也许仅有20分钟，但我深深理解了此事在多年后仍然对自己的行为产生的重大影响。

反思可以帮你有意识地驱除"过去的幽灵"。我偶尔还是会发现自己极力降低对别人的要求，但现在的我一旦发现这个苗头，就会立即掐灭它。

中国伟大的哲学家、教育家孔子早已阐明关于学习的古老智慧，有3种积累智慧的方式：第一种是反思，即"学而不思则罔，思而不学则殆"，这是最高级的方式；第二种是模仿，即"三人行，必有我师焉"，这是最简单的方式；第三种则是经历，即"君子不立危墙之下"，这是最难的方式。也就是说，对经历进行反思，是一个将每日苦果转化为深刻观点的好方法，能帮助我们尽早成长为高效的管理者和领导者。

THE POWER OF FLEXING
高弹性小贴士

反思的两项实践

除了助力实现弹性目标外，反思还可以帮助你获得真正的幸福感。下文介绍了两项基于研究的反思实践，供你参考。

提升工作中的能量

在一天工作结束时或处于职场低潮期时，从以下提示中选择一个，集中精神思考并描述它。

- 你欣赏自己的 3 点，其中任何一点可以帮助你成为一个好的 ×××。
- 你拥有的 3 项有价值的技能，使你成为一个好的 ×××。
- 你拥有的 3 个特点，使你成为一个好的 ×××。
- 你引以为豪的 3 项个人成就，使你成为一个好的 ×××。
- 你擅长的 3 件事，其中任何一件事都可以使你成为一个好的 ×××。

在研究中，××× 代表领导者。在其他情况下，××× 可以是你所扮演的任意角色，如会计、医生、母亲、兄弟姐妹、社会活动家或者朋友。选择一个角色，写 3 句话，描述这 3 件好事是什么、为什么能帮你在工作中做得更好。研究表明，每天进行这种写作练习的人，在工作中的精力更旺盛、态度更积极，并能获得来自他人更高的评价。

提升幸福感

花 5～10 分钟记录一天中非常顺利的 3 件事和顺利的原因。它们可以是小事，比如，今天吃了我最喜欢的冰激凌；也可以是大事，比如，今天的付款申请通过了；还可以是任何在工作、家庭或社区中发生的好事。

在每件好事旁边，写上发生的原因。例如，有人可能会写，能吃到最喜欢的冰激凌，"是因为一位体贴的同事的分享"，或者"因为我很勇敢，主动提出了需求"。为什么付款申请会通过？你可能相信"上天在眷顾我"或"我努力工作，在工作中表现出色"。写下生活中发生的积极事件的原因，有助于你更全面地看到生活中的美好。

研究表明，坚持在傍晚时分做这项小练习，能够明显减少压力，提高健康与幸福指数。

我们在进行反思时很可能会遇到负面或消极的情绪。正如约翰·加德纳的观察，我们的生活被各种消遣方式所占据，反思会将我们暴露在新的思考方式和新的自我认知中，有时这会让我们难以接受。

一旦我们开始将反思作为日常生活的一部分，慢慢地，伴随陌生认知的轻微不适感会成为学习和成长的标志，有一天，我们会爱上这种感觉。

THE POWER OF FLEXING
**高弹性
行动指南**

1. 将反思变成习惯的 4 个技巧：留出固定时间反思、以写作的形式反思、以讨论的形式反思、以分享的形式反思。

2. 反思的 3 组最佳问题：发生了什么，结果是什么？为什么事情会如此发展？我从这段经历中得到了什么经验教训？

3. 3 个实用的反思主题：深刻的事后反思、对生活中积极面的反思、跳出自我意识的反思。

THE POWER OF FLEXING

How to Use Small Daily Experiments to Create Big Life-Changing Growth

第 7 章

步骤六，
用管理情绪代替消除情绪

情绪不是需要被处理的问题，
而是"这里有些东西值得学习"的信号。

THE POWER OF FLEXING

第 7 章　步骤六，用管理情绪代替消除情绪

贾森·哈特曼（Jason Hartman）是一家知名消费品公司的高管，负责提高公司大部门的生产能力和盈利能力。他工作繁忙，经常加班，需要多线程地处理各种问题。受到日益增加的压力影响，他经常和团队成员产生冲突。或许这就是为什么他养成了在开会时用笔敲桌子的习惯。

哈特曼从来没有注意到自己的这个习惯，直到公司的一位高管教练向他指出了这一点。团队成员特别提出他敲笔的动作成为引起大家关注的警告信号之一。当会议没有按照哈特曼的意愿进行时，比如有人表达不同意见、忽视了他的建议或没有选择他认同的想法，他就会变得沮丧不安。敲笔就是第一个明显的信号。如果情况继续恶化，敲笔就会演变为言语讽刺、用拳头捶桌子，此时也快散会了。在团队会议上，哈特曼紧绷的情绪让他变成低效的领导者，有时甚至是有破坏性的领导者。

高管教练指出了他如何破坏会议进度和效果，他非常惊讶。他们进行了多次深入的练习来解决这个问题。渐渐地，他开始有意识地关注自身的情绪反应和身体表现。当某次会议让他心烦意乱得敲笔时，他会关注自己的身体语言："哦，我在敲笔了。我一定开始感到沮丧了。"这种认知帮他及时采取措施，让他选择能够促进学习与成长的方式。

哈特曼的挑战并不罕见。玛吉·贝利斯有时也会被情绪左右。贝利斯像许多考虑周全的专业人士一样，为自己设定了目标，比如如何与他人互动。但每当她陷入情绪中时，就顾不上任何目标了。她发现周围的人都注意到自己在怒火中烧时完全控制不住，因此大家都躲着她，但凡觉得有些话会激怒她就宁愿不说，这导致她无法在工作中获得必要的反馈。她的行为让与她关系密切的同事感到困扰，她因此而内疚。她知道必须做出调整了，在遇到可能激发强烈情绪的情境时，她要学会控制自己。

像贝利斯一样，我们都倾向于相信自己是全然理性的和通情达理的。但事实是，我们都容易情绪化，有时是不理智的，强烈的情绪时常会破坏学习和成长计划。但情绪是重要的信号，表明学习是必要的，情绪也可以是快乐的、积极的。

情绪不是需要被处理的问题

高弹性法则不适合胆小的人。最有学习价值的经历往往涉及高风险、隐私曝光、艰难抉择等。在这个过程中，出现强烈的情绪几乎是不可避免的。高风险、不确定性、脆弱、冲突，所有这些情况都可能出现，继而引发焦虑、自我怀疑、防御和恐惧等情绪。当你努力解决问题的行动偏离轨道时，更强烈的情绪如沮丧、愤怒就会随之而来。

因此，如果你开始运用高弹性法则从经历中学习，就要大胆地走出舒适区，不要让情绪成为学习的最大障碍。如果你感到身体紧绷、头重脚轻、口干舌燥、手心出汗、呼吸加快，由于肾上腺素飙升而脸红，那么这些迹象都表明你正处于破坏性情绪之中。有时，你拖着疲惫的身躯度过一天，可能会感到沮丧、无趣、自闭或什么都不想干。后面这种反应不那么夸张，但也是负面情绪的体现。在发生这种情况时，人们很难集中精力从经历中学习。然而，这些情绪也是有用的，值得探究。情绪不是需要被处理的问题，而是"这里有些东西值得学习"的信号。感受自己的情绪，可以成为重要的转变刺激源，当然前提是要做好准备来捕捉这些信号。

然而大多数人从未意识到情绪的好处，反而选择抑制、对抗或忽视情绪。这种对情绪的处理方式会产生很多负面影响。刻意抑制、对抗或忽视情绪只会让你的大脑更加混乱，你在努力抑制、对抗或忽视自己的情绪，而不是接受或重新理解它们。如果不疏导情绪，那么压抑也难以奏效。哈特曼和贝利斯在心烦意乱的时候，即使一言不发，他们的同事也能感觉到。哈特曼的同事知道，当他开始敲笔时，自己就该开始逃跑了！当痛苦的情绪持续存在时，压抑情绪会对你的工作产生负面影响。不受控制的情绪会导致误解、破坏关系，进一步削弱你在工作、家庭或社区中的影响力。

如果不审视自己的情绪，我们在学习上的努力就会"打水漂"。有时，你可能因为怀疑自己能否获得真正的进步而对学习计划望而生畏。逃避问题虽然能让你获得安全感，但你也可能不会实现学习和进步了。因此，不管理好情绪会让你无法践行高弹性法则，实现成长。

情绪也会阻碍我们从反思中学习。事后反思有3大步骤：忠于真相，客观理解真实发生的事情，就像摄像机可能捕捉到的那样；了解你对情况的假设并从你的角度讲述这个故事；反向思考哪些可能性会改变当下的情况。这是一项复杂的心理活动，需要我们保持清醒的头脑。**你越是被情绪挟持，就越难以清醒地思考，也就越不能顺着思路进行有效反思。**

在尝试新行为的过程中，我们获得的反馈也可能引发强烈的情绪。相互矛盾或难以理解的反馈引发困惑和沮丧；负面评价导致压力、痛苦与愤怒。如此强烈的感受会彻底支配我们的大脑，甚至让我们难以从反馈中汲取任何有价值的教训。哈特曼和同事的互动表明，不受控制的负面情绪会伤害双方的关系。

对于一些人来说，控制情绪不是难事。长期担任通用汽车公司高管的戴安娜·特伦布莱指出，根据迈尔斯-布里格斯人格类型测验（MBTI）结果，她在思考力项的得分远高于感受力项。因此，情绪通常不会阻碍她处理事务。同样，GoDaddy 的前首席产品官史蒂文·奥尔德里奇（Steven Aldrich）描述自己的特点是坚忍。他在当运动员期间接受了情绪管理训练，所以他在任何情况下都能够避免过度兴奋或过度沮丧。他说："我能够波澜不惊地面对和处理任何好消息或坏消息。"

像特伦布莱和奥尔德里奇的例子并不常见。大多数人如贝利斯和哈特曼一样，时不时受制于强烈的情绪，如果无法正确管理情绪，他们就会止步不前。

实际上，当感受到强烈情绪时，无论是生气、内疚、受伤、恐惧还是愤怒，我们大脑负责思考的部分，也就是区别人类与其他哺乳动物的部分，就会被更原始的行为模式取代，比如战斗、逃跑、装死等。我们想反击；或者急于让对方明白他们对我们有误解；或者想立即逃离现场；或者留下来装死，停止了同理倾听、与人交流。如不加以解决，问题会越来越糟，我们进而将对和某人在一起或处于某个情境感到焦虑。为了应对这种让人不舒服的情境，我们会通过逃避、拖延或其他方式来避免再次经历如此强烈的情绪。而情境中的另一人可能对此一无所知，只是困惑不已，并且可能被我们情绪化的反应所伤害。

在你成长计划的每一步，不要忽视、对抗或抑制你产生的情绪，这很重要。无论消极还是积极，这些情绪都在向你发送关于有待解决的问题的宝贵信息。当你感到焦虑、不安或恐惧时，可能意味着你在应对由改变或成长带来的十分正常的风险，诸如受到批评或承担负面结果。如实思考这些风险，制订减少风险的计划，并准备好接受有些风险就是无法避免的现实，这都是职场成长的必要步骤，而且可能需要不止一次去面对。正如著名心理学家亚伯拉罕·马斯洛的名言："人们可以选择退回到安全地带，也可以选择迈向成长的方向。人必须一次次地选择成长，一次次地克服恐惧。"

防止被情绪控制的 4 个方法

我们要想通过高弹性法则从经历中获取学习价值，就需要掌握情绪管理技巧。管理好情绪可以让你开放地看待当下发生的客观现实，以便从中吸取重要、正确的经验教训。

情绪管理的意思是指调节特定情绪：提高或降低任何会阻碍学习和成长的情绪能量阈值，比如愤怒、兴奋、恐惧、焦虑；管理好心理学家特指的非特定情绪，类似普通人所说的心情或者压力水平。不管是消极的情绪，还是有指向性的愤怒，抑或是过于积极的情绪，比如兴奋等，过于强烈的情绪都会妨碍我们从特定的经历中收获学习价值。我们越能够调节这些情绪，就越能收获更多。

心理学家一直在深入研究这个问题，并提供了多种方法让我们能够更清晰地了解自己处于何种情绪、何时被情绪影响、情绪带来的感受以及情绪的表达。我们应该先掌握这些方法，提前做好情绪管理，从而更好地从经历中学习。

方法 1：情境选择

第一种方法是，有意识地远离那些可能引发强烈情绪的情境。比如愤怒或焦虑都是可以避免的。注意可能激发你负面情绪的情境，主动调节你可能在某一天、某一周或某个月中经历的情绪。

不过，在成长的过程中选择情境有一个缺点。因为能提升个人效率和领导力的工作经历往往会引发强烈情绪，而这正是值得学习之处，所以避免这些情况和经历是不明智的。

此外，即使你想逃避，很多的经历也是不可避免的。有时，与压力或情绪紧密相关的活动本就是工作的一部分。而在生活中，我们也总会有一些必须兑现的承诺和需要解决的问题。

但是，你仍然可以有保留地选择情境。假设你想提高某项个人技能，但将不可避免地引发强烈情绪，比如当与同事产生分歧时，你能够勇敢地直言不讳。因为恐惧和焦虑等情绪难以避免，所以你可以制订一项练习计划，有意识地控制练习这项新技能的次数。你可以选择在大多数情况下避免与同事的直接冲突，比如在讨论常规问题或者非重要问题的会议上，而将这个练习机会留待一两次确实必要的情境下，比如在处理职业道德和规范等关键问题的会议上。

如此，你便可以避免整个星期都存在陷入情绪波动的风险，仅将这些时刻限制在少数几次提前做好心理准备的特定场合。

方法 2：情境修正

第二种方法是改变当下情境，避免某种情绪的出现。我担任大学院长时就使用了这个方法。我有一名下属，他叫哈维。他经常让我感到沮丧。他从不倾听、爱发牢骚，而且似乎只看到事物的阴暗面。每次和他开完会，我都会倍感沮丧、疲惫，甚至有点抑郁，我肯定还被别人看出来有情绪了。但我并不想以负面的形象出现在团队成员面前。

我决定让助理安排，不在周一和哈维一起开会，以免我的情绪恶化。不知何故，我容易受哈维的影响，尤其在周一。这项简单的情境修正让我能够更好地应付哈维带来的负面影响，并使我一周的工作明显更愉快了。

你可以采取多种方式修正情境，来降低应对情绪波动的难度。例如，假设你准备与公司或社区中的某人召开特别重要的会议，或者需要与孩子进行一个重要的对话，建议你尽量避免在会前一小时内与消极、苛刻或有其他负面人格倾向的人相处。**通过管理关键经历的情绪环境，你能够更好地保持从经历中成长的学习心态，并对获取的任何反馈保持开放**

的心态进行系统性反思。

前文提到过的 Twitter 高管塞克萨默·苏里亚帕也通过情境修正来管理日常压力带来的情绪。苏里亚帕说过："我不会把一整天都排满，相反，我尝试找时间放松，释放一些压力。"

如果你熟知哪些情况会刺激到自己，而哪些会让自己更平静理性，那么你应用情境修正会更得心应手。假设你要向上司总结汇报一个重要项目，你只要想想这个任务就觉得有压力，那么可以选择修正情境：如果你口才出众，可以主动口头汇报；但如果口头汇报不是你的强项，那么你可以要求用书面形式汇报，来避免需要现场回答问题的尴尬。

方法 3：转移注意力

有时，我们无法通过远离或改变情境来逃避强烈情绪。幸而你的注意力是可控的，你可以通过转移注意力来管理情绪对你的影响。

如果你身边有一位思想消极、口碑不佳的同事，你可以通过转移注意力来减少他对你的影响。在开会时，你可以少注意他，多关注思想积极的参会者。此外，如果这位口碑不佳的同事做了一些让你不爽的事，你与其老想着他这些令人生厌的缺点，不如关注他做的其他更正向的事情。"的确他每每自作聪明、自吹自擂，让人讨厌，但他总是在开会时给我们带甜甜圈，多好吃！"通过转移注意力，你可以更好地控制自己的情绪。

这个方法也能解释为什么父母们最终能安然度过孩子们叛逆的青少

年时期。与其将注意力集中在孩子们刻薄的表现和跟父母对着干的事上，不如多关注他们令人欣喜的进步和天真可爱的行为。

接受过我们访谈的几位领导者也会通过关注生活中积极的一面来转移注意力，尤其是那些让他们感恩的事情。凯瑟琳·克雷格（Kathleen Craig）是 HT 移动（HT Mobile）的创始人兼 CEO，这是一家服务美国知名银行的创新金融科技公司。她曾经因团队的持续扩大而度过不少难眠之夜，她觉得自己要肩负所有下属的生计，责任重大。对于如何度过这些夜晚，她说：“我总是关注事物积极的一面，每次都能回归到感恩和对未来的愿景中。”多项心理学研究证实了克雷格的做法有积极作用，感恩确实具有强大的力量。

简·达顿讲述了她如何结合情境修正与转移注意力的方法，来消除准备线上课程的焦虑。在开始线上授课当天，她通过几个小方法改善周边环境，以保持积极的心态，比如戴上她的幸运耳环，穿上一件她妈妈最喜欢的蓝色的高领毛衣，还将孙子孙女的照片放在电脑旁边以便在讲课时看到他们。她解释道：“我把能唤起积极情绪的物品放在周围，这个方法确实非常管用。我看到它们就很快乐，特别是当我面对高压的工作时。”

转移注意力确实是情绪管理的有效方法，但在某种情况下，你不应该采用这个方法。在经历了某次重大失败之后，你很可能希望忽略由此产生的负面情绪，并将注意力放在其他事情上。然而，研究表明这样做是错误的。实验经济学家们表明，有的参与者在任务失败后被要求专注于消化负面情绪，结果在接下来的任务中多投入 25% 的精力就可以提升后续的表现。但请注意，该实验结果仅在前后任务相似的情况下才成立。如果你做某项工作失败了，而你预想到未来还会碰到类似的工作，那么就请专注于当下感受到的痛苦。他们还提道："如果你充分体会到此次失败带来的糟糕感受，就会更加努力以免再犯同样的错误。"当然，如果你仅仅是沉浸在负面情绪中，那么积极的影响将会消失，反而出现更消极的影响。专注于处理负面情绪的目的是检查和理解这次失败，以便在未来做得更好。

方法 4：认知重建

第四种方法是情绪爆发之后的认知重建。目前，我们讨论的方法可以帮你避免产生负面情绪或者控制反应，但如果你已经被情绪冲昏了头脑呢？

多项研究一致证明，情绪管理方法的预前实施比预后管理更容易和有效。换句话说，在你陷入情绪困局之前就提前管理情绪，相比已经被情绪裹挟再处理更有效。

话虽如此，但我们有时确实别无选择，只能在情绪倾泻而出后再采取措施。此时最有效的方法是心理学家所谓的认知重建。这种方法利用了人类讲故事的能力。我们都是意义的创造者。每个人每一天都在讲故事：我们在真实生活中扛着只以自己为视角的摄像机。例如，摄像机可能会捕捉到老板对下属说："你明天不需要参加会议。"一些人可能会想"太好了，我可以干其他事"；而另一些人会想"她不重视我的想法"，或者"她怕大权旁落，想让我靠边站"。我们在大脑中虚构的这些故事让我们产生某种情绪。此外，每当强烈的情绪袭来时，人类的天性就是迫切需要理解这种情况意味着什么。我们对故事赋予的意义可能是正确的，真实反映了实际发生的事情；也可能是错误的，只是我们的臆想。

但不管对错，它们都控制了我们的情绪和反应。幸而我们还可以利用另一种能力：通过认知重建或者说重新讲故事，我们可以在需要时改变某种经历的意义。

我在学校担任过多项职务，曾有幸与三位院长共事，其中一位院长从不说谢谢。他认为："他们只是做了该做的工作，我为什么要感谢他们？"这位院长也相当内向，几乎不评价下属的工作。这种工作方式几乎把副院长逼疯了。

因为了解到这一点，所以我担任他的副手之后，有意识地去解释为何他对我评价甚少，我不认为这代表他对我的批评或冷漠，而是对我的完全信任。确实如此吗？我真不知道，但我知道这个重建的认知对我很有帮助。假设他对我全然相信，我就能在工作中保持积极主动的领导者的风格，和其他同事相比充满了活力，没有那么大的压力。

再举一个例子：假设某位同事总是在开会时不停地提问并通过打断你的讲话来否定你的想法，如果你这么想，就会关闭心门，不再对这个人和他的反馈持开放态度，但这限制了你发展从经历中学习的能力。其实你有一个更好的选择。你可以换个角度想问题，虽然他的行为不变，但你的反应可以完全改变。比如，将该同事不停地提问和评论的行为当成是对你的提案感兴趣，而不是攻击。当你选择不同角度时，你对观察到的现象的理解方式会发生改变，你的情绪也会随之改变。

你还可以重建自己的感受。例如，在表演前你十分紧张，你可以将焦虑或惊慌解释为兴奋或激动。甚至只是简单地大声说"我超级兴奋的"，就能实现感受重建，并由此提升表现。研究表明，能做到重建感受的人不仅能够提升表现力，还会改善心血管功能。**一个更平静、**

注意力更集中的你，才能更好地实践高弹性法则。因为你专注于自我发展和当前任务，对尝试自己设计的新方法充满信心，并且更愿意接受反馈。

当然，在真正的危急时刻，就不用再重建感受了，要是你晚上在野外遇到了凶猛的野生动物，就让肾上腺素发挥作用赶紧逃跑吧。但在大部分日常工作和人际交往中，认知重建就很有价值，能够帮我们更了解自己。将焦虑转换为兴奋或充满热情，你就可以用开放的态度从经历中学习，而不是沦为情绪的牺牲品。

我在第 2 章中提到的制片人道格·埃文斯，现在担任 YMA 时尚奖学金基金的执行董事。他对自己和同事都采用了认知重建。他经营着两家公司，每当团队遇到很大压力时，他都会说："这里不是五角大楼，这里不是五角大楼，我们不是在打仗。"在其他情况下，他会对团队成员说："各位，我们只是在创作百老汇剧目。就算没有演出机会，也没有人会饿死。"当出现极端的情况时，他的建议是："退一步海阔天空，'这里不是五角大楼，不是五角大楼'。"

控制负面情绪，换个视角重新讲故事

有时，你可能会有点负面情绪，这将造成不必要的痛苦并阻碍成长。要想大步向前，你需要分两步走。第一，承认你在给自己讲一个毫无意义的故事。第二，当你发现自己在重复老故事时，换一个新故事。

我们都在大脑中"讲述"着过去的经历。有时这些讲述方式帮我们前进，有时则会造成痛苦并阻碍我们成长。以下是可能阻碍成长的例子：

第 7 章　步骤六，用管理情绪代替消除情绪

- 我做不到！
- 他们不会喜欢我的工作！
- 我在这儿做什么都没用！
- 那个部门没有一个人值得我学习。
- 那样的人没有任何值得我学习的优点。
- 他们是来让我出丑的！
- 我之前失败了，这次还可能失败。

我们可能都会时不时想"我做不到某件事"。"某件事"可能是在公司进行一场艰难的对话，指引着团队朝美好愿景前进；也可能是在社区活动中进行一场反响热烈的演讲。当我们不断重复这句话时，进步和成长被拖住了脚步。不去尝试，我们永远不知道这个预判是真是假。

为了摆脱这种负面故事的影响，心理学家建议质疑这些故事背后的信念，尝试是否能将之转化为自己深信不疑的积极信念，从而为改变未来的态度与行为奠定基础。这种"重新讲故事"的方法就是认知行为疗法的基础，多年来已使数百万患者受益。拜伦·凯蒂（Byron Katie）和布鲁克·卡斯蒂略（Brooke Castillo）等高管教练和作家也推广了同样的理念，他们提出了一些重新讲故事的具体方法：

- 问问自己，与假设相反的情况是否正确。如果你陷入"那个部门没有一个人值得我学习"的故事中，不妨试着想："或许从那个部门的某个人身上还是能学到一些有用的东西。"这个设想会在你的大脑中打开一个空间，让你对可能学到的新东西持更加开放的态度。
- 想象放弃某个念头，工作表现会有何改变。例如，习惯性地对自己说"他们不会喜欢我的方案"，可以换个角度去想想：

165

"如果我确信他们喜欢我的方案，我会表现得有哪些不一样？"通过这样提问，你会以一种全新的、有建设性的方式重新开始。

- 用语气缓和的句子来反向表达负面故事。例如，使用"我或许有可能做到"或"我愿意接受下次我可能会成功的想法"。语气缓和的句子会让你更容易从惯常的负面故事中走出来。

越能够明确识别导致你痛苦或限制你成长的想法并审视它们，你就越能创造一个开放的空间，校准对真实的认知，重设一条新路。

调节响应，行为如何影响感受

有一种管理情绪的工具是调节响应（response modulation）。调节响应的一种方式是，当你感受到某种情绪时，主动地调节或改变情绪在生理或行为上的体现。比如可以通过深呼吸或渐进式肌肉放松来缓解紧张的情绪，以一定的顺序收紧和放松全身肌肉。这些干预措施会降低当下的情绪强度以及控制后续的反应。

如果我们及时发现情绪开始产生生理反应，采用调节响应这一方法就能收到最佳效果。在管理情绪之前，应该先承认这种情绪的存在以及搞清楚它是什么。

我曾多年对此束手无策。以前，我通常在几小时后才意识到自己处于恐惧、愤怒或焦虑的情绪中。当时我都是下意识地觉得有点不对头，发现有某些强烈情绪的表现，比如肌肉紧绷、心跳加快，但其实并不理解到底发生了什么。经过多年的学习、体验和反思后，我才发现这些身体征状以及我迫切想表达的欲望，都是愤怒的早期迹象。

现在，当出现这些反应时，我就能识别出这是愤怒的情绪，然后采取措施进行有效处理。玛吉·贝利斯也认为情绪管理是岁月带来的智慧之一。每当感到一种情绪让她开始急于行动或者表达时，她就知道应该等待情绪消失，直到她能更全面地思考自己想要的结果和应对的方式。有时情绪调节需要依赖自己的身体以及身体体验情绪的能力。

前文提到的加文·尼尔森说道："你得知道自己的情绪是什么，这没你想象得复杂。你不会同时出现四五十种情绪，不需要像买彩票一样看看到底今天是哪种情绪'中奖'了。通常，你只会出现两三种情绪。你可以把情绪的来由当作一项科学实验去研究，'为什么我总是产生这种情绪'。"如果你认识自己最常出现的情绪，就能更好地处理它们，并持续地从经历中学习和成长。

我们采访过的很多优秀领导者还推荐了另一种调节响应的方式：提前练习某些行为，比如规律的锻炼、合理的饮食和充足的睡眠等，做好准备能够使你更有效地处理情绪对身体的影响。罗伊斯特·哈珀说道："我深刻体会到休息有多么重要，尤其是当你在处理涉及很多人的复杂难题时，你得照顾好自己的身体和心灵，过于劳累会导致你无法发挥最好的水平。"

迈克尔·威特休恩回忆，在担任大使期间，他特意做全方位准备来应对压力，包括大量的情境阅读。他发现阅读能够减压，让他有信心在任何环境中都能发挥自己的价值。他还提到，有时间就要多睡觉，这对补充体力至关重要。他在担任大使期间的出差里程高达约 64 万公里，所以睡眠对他而言非常重要。

我们在采访中还发现了一种经常被提到的准备策略,即设置情绪基调,以此开始新的一天,比如阅读一些鼓舞人心的文章。对于有宗教信仰的人来说,这种灵感往往来自阅读经书或祈祷。

普普特·希达亚特(Puput Hidayat)是印尼一家大型科技公司托克佩迪亚(Tokopedia)的产品开发主管,她发现通过阅读作家迪·莱斯塔瑞(Dee Lestari)所著《闪电》(*Petir*)一书中的某一章能改善自己的情绪。书中的女主人公被一个问题困扰已久,最终她认为这并不重要,即使不能完美解决这个问题,她也会继续积极地生活下去。希达亚特反复阅读这一章并深受启发,所以每次都能从长远大局去考虑目前烦恼的问题。

理查德·谢里登(Richard Sheridan)是位于安娜堡市的门罗创新(Menlo Innovations)软件公司的联合创始人兼 CEO,他还著有《以快乐为目标的公司》(*Joy, Inc.*)一书。谢里登采用双重措施来管理情绪。首先,他会小心避开不想接触的事情,20 年前他就不再听当地新闻了:"当地新闻就像是集合了火灾、谋杀等犯罪行为的报告。我不想每晚都听这些负面的消息。"其次,他每周花十几个小时进行积极阅读,保持正向的工作状态。

最后,很多人发现情绪管理的一个关键因素是社交网络支持,包括配偶、其他家庭成员、朋友圈或者正式的支持小组,以及其他类型的社交网络。

希达亚特描述了社交网络支持对她的帮助:

> 你在处理消极情绪时,会不断放大消极情绪直到占据整个

大脑，甚至会不断用更多想法来为这种消极情绪加持。渐渐地，一个消极的想法变成了两个，最后你会彻底麻痹，无法再做任何事情。起码对我来说，无法靠自己摆脱消极情绪。

所以每当我出现疑问、对自己失去信心时，我都会找可以倾诉的人，无论是我的导师、上司、朋友，还是同事。每个人都有自己可以求助的人。朋友们往往可以启发我从一个新的视角看问题。

2019年上映的影片《社区美好的一天》（A Beautiful Day in the Neighborhood）中，汤姆·汉克斯（Tom Hanks）演绎了著名儿童节目主持人费雷德·罗杰斯（Fred Rogers）先生的一生。罗杰斯先生对待年幼的观众表现出无条件的接受、爱与支持，看过这部电影的人应该都对此印象深刻。而现实生活中的罗杰斯先生也会付出一些努力，才能保持如此稳定的情绪。汉克斯在电影中巧妙捕捉并演绎了罗杰斯先生保持情绪平稳的方法，比如每日例行的游泳和祈祷。

抓住机会，发挥积极情绪的力量

对于希望持续学习和成长的人来说，控制负面情绪是一项重要议题。事实上，提及情绪调节，人们最容易想到的就是负面情绪。就像本书的采访对象，从知名领导者、社区工作者到声名鹊起的年轻人，当我问他们如何管理情绪或如何在工作中以及与他人互动中管理消极情绪时，他们普遍的答案都包括诸如努力控制、重新认识、抑制情绪。但是，积极情绪同样值得探讨。

我在密歇根州立大学的前同事芭芭拉·弗雷德里克森（Barbara

Fredrickson）提出了一种"扩展和构建"理论，这有助于理解积极情绪的重要性。**积极情绪不但是"锦上添花"，而且是有助于建立人格韧性和复原力的重要能量。**

积极情绪可以在多种方面发挥作用。首先，积极情绪为个人成长提供动力，让你能够更频繁地运用高弹性法则。比如回忆并细细回味你在冒险时的积极情绪，自豪、兴奋和冒险的感觉会让你不那么畏惧下一次冒险。

其次，积极情绪有助于人们追求更多的可能性。实验室的研究表明，相比情绪较负面的人，情绪积极的人列出的值得尝试的行动更多量、更多元。积极情绪也有助于设定学习和成长目标。比如：自豪感会激发对取得更大成就的想象，让自己对未来的成长充满信心；目睹他人取得伟大成就时所产生的灵感，会激励自己渴望实现更远大的抱负；在经历某件事的过程中感受到的积极情绪，会让你有勇气向他人寻求反馈。还有证据表明，在某段经历中体验到的积极情绪，会激发个人反思。

最后，有研究表明，积极情绪的正面影响会不断叠加，呈螺旋式上升的态势。当你感受到更多的积极情绪时，你也能够在生活、工作和人际关系中看到更多积极的方面，进而不断加强积极的感受。正如弗雷德里克森所说："积极的情绪既是人类达到最佳状态的表征，同时又能反过来被强化。"积极情绪可以帮助你建立自信，提升自我洞察力，并让你在未来取得更好的成就。研究中甚至记录了积极情绪对人体心率产生的积极影响。

如何管理积极情绪呢？管理积极情绪的第一种方式是充分享受积极情绪带来的美好感受，即使面对压力或痛苦，也要这样做。"就算遇到挫折也不耽误开怀大笑",这种态度对任何人都很有帮助。研究表明,积极情绪对于"9·11恐怖袭击事件"和 2001 年萨尔瓦多地震等人间悲剧的幸存者来说,有明显的益处。这个研究结果也反驳了那些认为积极情绪是轻浮的表现的观点。如果不幸的人在经历了可怕的事件后,依然能从感受和放大积极情绪的做法中获益,那么我们其他人也可以。**通过放大积极情绪,你能够在成长的过程中增加信心,更愿意从经历中学习,并且更有能力反思自己在面临挑战时各方面的表现。**

管理积极情绪的第二种方式是沉浸在积极情绪中,延长或增加积极情绪的体验。有一种做法是用非语言方式表达积极情绪,比如多笑一笑。当感到快乐时,我们自然会微笑,研究进一步表明,当我们笑得更多时,也会感到更多快乐。沉浸在积极情绪中意味着专注于这段经历中美好的方面,思考快乐的事情,与他人谈论、庆祝并回忆美好的事物。

因此,当顺利地提高了弹性时,当朝着自己的目标一往无前时,当他人对你的进展给予积极反馈时,好好地沉浸在积极情绪中吧。研究表明,体验快乐的能力与主观幸福感相关,包括对未来的乐观态度和控制感、对生活的满意度及自尊自爱。这种乐观的感觉和掌控感既能让你更正确地设定弹性目标,又能有效提升你实现这些目标的能力。

管理积极情绪的第三种方式是多关注生活中积极的一面。这意味着需要感知哪些是你编的故事,并谨慎决定你应该如何坚持积极的叙事方式。例如,当考试获得 A 时,你可能会说:"哦,这没什么,因为这次考试太简单了!"在你编的这个故事中,你否定了自己的努力。相反,你要强调积极的方面:"太好了,看来我改掉拖延症和培养好的学习习惯的努力得到了回报!"

因为积极情绪对幸福感、自尊心和生活满意度具有正面推动作用，所以简单的改变叙事的方式有助于管理在成长过程中所产生的情绪。你要不停地重复，直到自己真正相信。

一些高弹性法则的实践者通过严格培养好习惯，将注意力集中在积极的方面。多项研究也证实了这种习惯的价值。

在一项研究中，研究人员要求参与者连续5周、每周5天写下3个关于自己的积极内容，比如3项有价值的技能、3项良好的特质、3项个人成就、3项擅长的事情以及3项使自己成为好领导者的品质等。这种简单的干预方式提高了受试者的工作投入度，减少了疲惫感，并让他们对周围的人产生更积极的影响。这就是每天5分钟积极反思的巨大回报！

管理积极情绪的第四种方式也是最后一种方式，即自我抱持。有些管理者可能会觉得这种方式太保守，但无论是对于青少年学生，还是篮球运动员，抑或是警察，这个方式都被证明有很大的价值。

我和同事发现，自我支持、关怀和不评判的心态对处于领导地位的人，尤其是面临严峻挑战的人有利。这能帮助他们更好地保持自己作为领导者的感觉，并更容易被他人视为有能力的领导者。大多数人的人生不是一帆风顺的，始终充满挑战，自我抱持很可能会成为一种有效管理情绪的方式。

生活中总是有诸多挑战，从日常生活中的苦闷到学习和成长过程中的障碍。其实这些都与外部事件无关，一切都源于我们自己的思想与内心，以及我们的应对方式。积极地思考，我们就可能逃离陷阱、跨越障

第 7 章　步骤六，用管理情绪代替消除情绪

THE POWER OF FLEXING

**高弹性
行动指南**

1. 防止被情绪控制的 4 个方法：情境选择、情境修正、转移注意力、认知重建。
2. 当你有负面情绪时，换个视角重新讲故事。第一，承认你在给自己讲一个毫无意义的故事。第二，当你发现自己在重复老故事时，换一个新故事。
3. 调节响应是一种情绪管理工具。一种方式是当你感受到某种情绪时，主动地调节或改变情绪在生理或行为上的体现。另一种方式是提前练习某些行为，提前准备能够使你更有效地处理情绪对身体的影响。
4. 积极的情绪同样需要管理。第一种方式是充分享受积极情绪带来的美好感受，即使面对压力或痛苦也要这么做。第二种方式是沉浸在积极情绪中，延长或增加积极情绪的体验。第三种方式是多关注生活中积极的一面。第四种方式是自我抱持，自我支持、关怀和不评判的心态对处于领导地位的人，尤其是面临严峻挑战的人有利。

THE POWER OF FLEXING

How to Use Small Daily
Experiments
to Create Big Life-
Changing Growth

第三部分

用高弹性
赋能个体与组织

THE POWER OF FLEXING

How to Use Small Daily Experiments
to Create Big Life-Changing Growth

第 8 章

以高弹性助推自我进化

未被发现的优势,
正是发挥高弹性的潜在机会。

THE POWER OF FLEXING

第 8 章　以高弹性助推自我进化

高弹性法则有许多妙用，可以运用于任何工作场景。比如解决一项棘手的任务，需要与管理委员会、策划务虚会进行重要的合同谈判；比如解决工作中遇到的问题，与某人进行艰难的对话、开展有挑战的新工作、与新老板合作、跨部门协作等。这些都是应用高弹性法则的绝佳场景。

对于那些让你彻夜难眠或翻来覆去难以入睡的事情，最适合采用高弹性法则去解决。如果你充分利用这些事情中的某些因素，就可以从中学习经验并提升能力。高弹性法则非常适用于职场上的巨变，也同样适用于任何一个你希望实现的目标或想要解决的问题。我们在第 1 章探讨了最具成长潜力的各类经历的特质，反过来，具有这些特质的经历能带来最佳的学习和成长。

高弹性法则也适用于个人生活中的挑战。其实，我们回趟家就是一次从经历中学习的机会，比如是否能对亲人更有耐心，或更善于倾听。

这一章生动地展示了可以应用高弹性法则的场景。希望你了解这些后，每当在生活中遇到类似的情况时，就能有意识地去应用它。

顺利适应职业变化

人们经常在组织中转换角色，或者在一个新领域开展新工作，或者加入新部门结识新同事，遵循新程序和规范，但工作性质不变。其中最困难的也许是第一次当领导。

职业转型期是应用高弹性法则的绝佳机会。在此期间，你已然变得更清醒，因为日常工作被打乱了，新事物扑面而来，你因换岗而增加了知名度，这一切都逼着你去内观。此时的你追求成功的动力更强。研究证实，转型期的人们通常对学习和反馈的态度最开放，但此时的困惑也最多。他们难以确定抵达成功彼岸的计划是什么，自我认知需要重新定位，自我身份和自我意识也更易于改变。

这时候，人们经常愿意去探索自我，想知道自己应该如何表现，自己想成为什么样的人。一位高管教练说，当他进入职业转型期时，周围的世界都变了。他突然之间开始调动之前从未用过的"肌肉群"，"我必须让它们发挥作用，以适应新环境"。转型者有机会尝试新行为。他们会遇到新的利益相关方，包括新老板、新同事、新客户、新供应商和新客户等。他们的想法、看法和做法，可能都与之前的利益相关方不同。

组织行为学专家赫米尼亚·伊瓦拉（Herminia Ibarra）认为，职业转型期是人们尝试"临时自我"的理想情境。伊瓦拉建议采取一种类似高弹性法则的，兼具探索性与趣味性的方式，人们以此尝试多种职业身份，并根据自己的感受和外部反馈来判断是保持不变还是更换职业。伊瓦拉与同事罗克珊·巴布莱斯库（Roxanne Barbulescu）经过进一步研究认为，职业转型期是一次深入发掘更全面的自我的机会。这也印证了高弹性法则更深层的价值可能在于发现人们全新且复杂的身份。**人们在设定弹性目标、尝试多种实验并寻求反馈的过程中的反思，使他们能够内化新的自我认知，成为最好的自己。**

此外，职业转型期是一个从经历中学习的机会，因为这个阶段通常是可预测、有规律可循的。大部分组织通常都有常规的职业上升路径，员工熟知晋升窗口期，再加上部门重组涉及个人工作调整，要经历长期的计划与讨论。所以，员工通常有充足的时间为转型做准备，也有机会观察其他人的转型经历。因此，转型期自然可以被视作进行相关实验的好时机。

对于如何在生活和工作中应用高弹性法则，我们的采访对象经常提起转型期，包括领导者角色和领导方式的转变。这些故事很鼓舞人心。

北卡罗来纳大学著名的男子足球校队教练安森·多兰斯（Anson Dorrance）曾兼任女队教练，他不得不改变训练方法。他开始欣赏女队员情同姐妹的关系，调整教学方法，善用女队"球队如家庭"的文化。与此同时，他鼓励女队员们培养竞争精神，他合作过的大多数男性球员都认为竞争是理所当然的。女队的一名传奇球员米娅·哈姆（Mia Hamm）说："我从小就擅长运动，但作为一个女孩，我从来不像男生那样对此感到骄傲和自豪。没有人赞扬我的坚强勇敢，直至我来到北卡罗来纳大学，我才发现永争第一是被认可的。"

前高盛合伙人莉萨·沙莱特被任命为公司的全球合规首席运营官，

加入一个几乎人人都是专家的部门。她常以外行人的身份向部门同事请教，因为他们能从企业的角度看待工作上的问题。

斯科特·布朗在服兵役期间曾被任命为杜鲁门中心的总裁兼CEO，他运用实地战斗经验来激励、启发、团结新团队，同时也努力平衡团队成员对共同使命的认知，打造团队的友好氛围。

拉尔夫·西蒙尼在创办教练和领导力发展公司时，也利用了高弹性法则来促进自我成长。他发现自己已经习惯了"不断灭火"的模式，遇到问题就迫不及待地解决。他意识到从长远来看这种模式是无法持续的。之后，他开始有意为自己安排闲暇时间，减少工作量，同时扩大自己在公司的影响力。

迪普什·库马尔（Deepesh Kumar）将自己作为企业家和商业领导者的成功，归功于此前在职业转型期吸取的教训。那时库马尔升任一家大型律师事务所的合伙人，面临全新的责任和挑战。他说："我作为合伙人，不仅要处理好组织交给我的案件，还要有能力拿下新案件，或者和能拿到新案件的人合作。否则，我合伙人的位子就岌岌可危了。"

库马尔除了努力提高自己拿到新案件的能力，还发现在更深的个人层面，他需要学习识别压力并提高抗压能力，否则就会像温水煮青蛙般被压力裹挟而不自知。通过这次职业转型，他提升了抗压能力，为后来的创业之路做好了准备。

这些故事揭示了人们在生活和工作中的转型期，很可能是发现个人成长新焦点并完成转变的理想时机。

勇敢迎接新任务的挑战

当你的角色不变但周围环境发生改变时，新的需求、问题和机会都会随之涌现，这也是展示高弹性力量的时机。比如公司产品所属的市场发生了重大转变、所在社区的一把手离职或行业中出现了颠覆性的新技术等。要应对外部环境的变化，你就需要具备极佳的应变能力。及时发现并应对这些变化的最佳方法通常是实验，也就是运用高弹性法则。

对于加利福尼亚州酒乡一家小旅馆的老板露西来说，2020年暴发的疫情，就是对她应变能力的大考验。随着2020年3月开始的各州封闭、个人隔离政策的实施，旅馆的入住率从高于行业平均水平下降到零。她面临着前所未有的问题：新的健康法规和环境法规，关于员工裁员和失业救济金的复杂规定，以及税收与小企业贷款方面的混乱程序。随着债务的不断攀升，这些新问题层出不穷。

我认识的露西一直非常阳光积极，但有些新的挑战让她失去了笑容。她需要时间来平复几乎将她击垮的焦虑、愤怒和悲伤等情绪。幸而，关于高弹性法则的自我反思练习、实践练习开始发挥作用。她意识到自己在处理生意方面的毛病就是逃避、拖延。每当要做一件从未做过的事情时，比如用软件召开线上会议或向当地官员寻求帮助，她都会大脑一片空白，不知所措。她不想马上解决这些问题，而是记在待办事项清单上，然后继续做容易完成的事。她跟自己说稍后再做从未做过的事，但稍后再做就意味着再也不做。

外部的变化让露西意识到自己必须克服这个弱点。她设定了一个弹性目标：即使很难，也要找到继续前进的方法。她进行了弹性实验，尝试每天只解决一个新问题。如果第一次失败了，她就会先暂停并找回初心，重整旗鼓再次面对问题，直到最终成功解决。

露西发现这个方法奏效了，虽然并不是每次都能成功，但大多数问题都迎刃而解了。这让她感到一种真实的不断增加的成就感、进步感和力量感。每一次小小的胜利都让她更有信心地面对下一个挑战，也让她更加灵活自如地寻求帮助、寻找资源并推动业务发展。

除了商业领域存在很多新的挑战，父母们的育儿之路也充满了困难和挫折。对许多父母来说，养育孩子的过程就像是不断"打怪升级"，他们需要从每一个挑战中学习和成长。

年轻妈妈格蕾塔的故事就充分展示了这一点。格蕾塔是一位幸福的已婚妈妈，在生活和工作中如鱼得水，但她在几年内经历了两次意义深刻的育儿挑战。第一个挑战是她怀上了第二个孩子，这促使她设定了一个弹性目标。她认为怀孕就像坐上一辆无法中途下车的火车，它正驶向一个未知的目的地，而你只能听天由命。虽然她遇到了可能危及生命的早产，但最后平安生下孩子。她的一位医生后来说："我从来没有见过血压这么低的人，竟然还能恢复健康。"通过这次经历，她明白有时放弃对生活的掌控既是不可避免的，也是必不可少的。一年后，第二个挑战来了。她的大儿子开始上学后，由于疫情，学校取消了线下课程。他只能在家待着，缺乏与同龄人的交流，出现了严重的口吃。格蕾塔想处理好这件事。她疯狂地在网上阅读所有关于口吃的信息，仿佛掌握知识本身就能帮她儿子战胜口吃一样。

后来，格蕾塔的心理医师向她提了一条建议："格蕾塔，停止划桨，安心在河上待一会儿。"于是，格蕾塔开始采用从经历中学习的方法。她之前关注自己能做什么、机会在哪里。现在她设立了新的弹性目标：

思考如何与儿子互动，从而让儿子获得自信。为了实现这个目标，她尝试了各种方法，包括与朋友一起反思烦恼的事，努力平衡她幻想最坏结果的负面倾向和顺应事情自然发展的需求。应对这个新的育儿挑战已成为她创造力的源泉，促使她不断成长。

遇到新挑战时，高弹性法则的关键思维是将变化视为机遇。格蕾塔面临的第一个危急时刻是危及生命的早产与漫长的恢复期，她将这当成重新定位人生的机会，放下对小事的执着，花更多时间陪伴孩子。研究表明，不管个体还是组织通常都以两种不同的方式应对环境变化。一些人将变化视为威胁：事情有变，这太可怕了。我需要做新的事情，我能做到吗？失败了怎么办？有什么糟糕的事情会发生？当将变化视为威胁时，你会变得迟钝僵化、闭耳塞听，尽量少做出反应，力求不消耗资源保守行事。格蕾塔形容这种状态就像是人开始漫无目的地划桨。

另一些人则将变化视为机遇：事情开始发生变化了。这可太好了，我需要做新的事情了，我怎样才能学会新技能？如果成功了会怎样？会有什么好事发生？这种观点将拓展思维，鼓励你去探索能有效对变化做出积极反应的各种途径，让你对新事物保持开放的心态。当你不得不面对真正消极的情况时，请记住如何理解所遇到的事情将产生重要的影响。这样做能够帮你时刻了解自己是否存在消极心态并改变它，寻找并专注于享受当下的机会中一切正面的因素。

以学习心态响应收到的反馈

我们的很多采访对象提出反馈是个人成长的一种动力。许多人认为指出了某些缺陷或需要改进的负面反馈的影响更重要。

来自美国东海岸的格雷格·霍尔姆斯（Greg Holmes）是金融服务业的一名高管。他想升职却屡屡失败，后来他开始应用高弹性法则。没能如愿升职已经够糟了，更要命的是，他的新上司在与他共事90天后，认为他的工作方法需要改进。接二连三的打击也许会让一些人愤怒或怨恨，但他决心将之看成一种学习经历。他树立了弹性目标，想在之后的90天内取得突破，提升时间管理能力。为了达成目标，他进行了多次尝试。最终他经过实验确定了最重要的一个方法，就是问自己什么是目前最重要的项目或任务，然后将所有资源投入这个最重要的项目或任务上并完成它。至今他仍然在采用这个方法。

斯蒂芬·弗罗布列夫斯基（Stephen Wroblewski）目前在一家全球咨询公司当高级经理。因为有一位经理称他为"99%的人"，意思是他虽然工作能力很强但总是有一项工作没完成，所以他强迫自己踏上成长之路。他尝试了一系列管理自己和团队项目的新行为，在每天、每周及每个项目结束时进行反思。在这个过程中，他体会到了反思能有效帮助他和同事检查是否完成了既定目标。

有时，即便是别人随口一说的无心反馈也可能促使你踏上成长之路。有一天，公司经理本·陶道斯基（Ben Tawdowski）在办公室加班到很晚。他走出办公室时碰上另一位经理，对方笑着说："如果老这么加班，要么是你工作太努力，要么就是你并不擅长这份工作。"

罗德·皮尔逊（Rod Pearson）在一家知名大学医疗系统主持核心部门的工作。他在任期间也收到了类似的反馈。他遇到一个不熟悉的问题后，就去征求相关部门负责人的意见。那位主管问他："为什么你提不出任何解决方案？"

皮尔逊把这句话记在心里。当下一次遇到新问题时，他再次给那位主管打电话，描述了问题并提出了可能的解决方案，没想到这次主管问道："那你为什么不去试试这些办法？"

虽然皮尔逊经历了那位主管的两次诘问，但他学到了宝贵的一课：他不需要获得上级的许可就能完成自己的工作。在遇到问题时，先自己尝试，边干边学，尝试了所有方法后，再去寻求反馈。

接纳负面反馈从不是一件好玩轻松的事。正如某些聪明人机智的洞察："人们嘴上说希望得到建设性的意见，但他们真正想要的是赞美。"可惜人无完人，没有人能一辈子只被赞扬。当批评不可避免地出现时，你要看到积极的一面，将其作为提升自己的机会。

努力成为更好的自己

触发弹性目标的因素并不总是压力或弱点，有时源自想提升自己和让自己变强大的愿望。

丹·沙因曼（Dan Scheinman）是一名篮球运动员，从小就拥有远大的梦想。他希望自己有一天能效力于美国顶尖的大学球队，甚至加入NBA。但在他12岁时，一名精英篮球训练营的教练告诉他："以你的水平，不能只擅长右手打球。如果不能让左手像右手一样灵活，你永远都不可能成为顶级球员。"

沙因曼记住了教练的话，他花了一整年的时间训练左手，直到自己成为一名左撇子球员，远远超过了教练对他的建议——"左手像右手一样灵活"。回顾这段经历，他总结道："我忘记了我的优势。"过于关注相对较弱的左手，导致他未能保持并充分利用右手的优势。

他的教训适用于我们大多数人。有太多人没有把自己的优势充分发挥到极致，甚至根本没有意识到自己拥有哪些优势。例如，我刚工作那几年，别人经常称赞我组织的活动很棒，比如召开教师委员会或研讨小组等。我对这些评价感到惊讶，因为我觉得自己并没做出任何特殊的成绩，只是用惯常的方式组织这些活动而已。

从那以后，我才逐渐意识到我没做什么特别的努力，其实就意味着我具备某种未被察觉的某种潜力。未被发现的，正是发挥高弹性的潜在机会。当你意识到自己拥有一种天生的、未刻意为之的能力时，你就可以抓住这个机会更进一步将其发挥到极致，使之成为一种真正非凡的才能。

以我为例，我可以进一步发挥自己的团队组织能力。我对自己说："我擅长带领团队完成任务，如果我能进一步提升组织能力，让同事们感到被重视、被肯定和被激励，我就可以做得更好。"如此，一个弹性目标自然而然地出现了。我专注于这个目标，就可以进一步增强自己的优势。

弹性目标也可以来自对他人的观察。很多人通过观察他们想效仿的榜样来设立弹性目标，有身边的人，也有公众人物。在某些情况下，你可能因为观察到他人某些具体的行动，激发了自己成长的渴望。比如你看到别人对生病或受伤的人展现出特别的关爱，就可能引发自己培养慷慨之心的渴望。

还记得经常无法完成既定目标的斯蒂芬·弗罗布列夫斯基吗？他得到反馈后，思考如何改变自己，后来从高中的一次经历中获取了如何完成临门一脚的灵感。高中时期，他是一名相当出色的竞技游泳运动员。他在观看三届奥运会奖牌得主汤姆·多兰（Tom Dolan）的练习赛时大开眼界。他注意到多兰即便在练习中，也从不放松，不浪费任何一次摆臂机会。他由此得到启发，这就是努力的方向：永远不浪费任何一次摆臂机会，把训练当作正式比赛一样重要。多年后，回忆起那次观赛经历，他开始将同样的理念应用到生活和工作中，寻找方法充分利用在工作上花费的每一分精力，不让任何一项任务落空。

在其他情况下，引领性目标不是来自榜样或触动心灵的价值观，而是根据如何更有效地适应某项组织要求或角色设定。还记得第3章提到的杰出的学术界人物林迪·格里尔吗？她在不同时期设定了不同的弹性目标。她在荷兰一所大学任职时，意识到需要更加低调以符合该国文化对组织员工和领导者的期望。后来她到美国斯坦福大学担任相同职位，又让自己变得高调起来，以便在美国的大学环境中被视为有影响力的领导者。

有时，某些组织的文化非常强大、表述清晰，有抱负的领导者必须从如何更好地融入这种文化出发来设定弹性目标。例如，希望在谷歌不断晋升的人需要掌握新的沟通方式，以便更有效地与他人建立连接，融入谷歌的典型文化。在其他一些公司，组织文化认可的行为模式可能完全不同。无论你面对的挑战是工作问题、育儿问题、不断变化的财务状况，还是任何一种能触发弹性目标的情况，要想灵活应对不同的组织文化与情境，就要深入了解具体要求，探索你可以从中学习的方式。

THE POWER OF FLEXING
高弹性小贴士

企业领导者的目标清单

成为更好的自己听上去或许很动听,但你可能并不知道从何入手。以下是企业领导者向高管教练列出的目标清单,应该能够给你一些启发。这些目标中有多少是你也希望自己能实现的?其中任何一点甚至整个清单都可以作为你的弹性目标,你可以据此寻找让自己获得成长的新方法。

- 发展战略思维;
- 提高沟通技巧;
- 言行举止像高管教练一样;
- 更有效地带团队或为他人提供指导,做到认真倾听他人、对事物保持好奇、不带成见地看待他人、与他人共同寻找解决方案、做他人的后盾、进行开放式提问而不是命令;
- 探索职业发展方向;
- 代表自己和团队进行高效谈判;
- 培养协作精神或思维多样性;
- 有效主持会议;
- 高效决策;
- 向上管理;
- 给予、接受、寻求反馈;
- 处理棘手的工作关系;
- 增强团队动力;
- 培养团队成员的能力;
- 在工作中展示价值;

- 管理内外部社交网络；
- 增强信心；
- 承担健康风险；
- 自我抱持；
- 减轻完美主义倾向；
- 求职；
- 管理情绪；
- 建立信任关系。

从创伤中收获巨大的成长

高弹性法则无疑能帮你有效应对日常生活和工作中遇到的大多数挑战。学术研究也同样表明，在面对人生中最困难、最痛苦的创伤时刻，人们照样可以学习和成长。这类成长的专业术语是创伤后成长。

创伤后成长通常包括更强烈的自我意识、与他人更深入和更高质量的关系以及全新的生活哲学等层面，这也体现了经历过创伤后成长的人从根本上改变了人生优先序列。

萨姆·布卢姆（Sam Bloom）和洛伊丝·布卢姆（Lois Bloom）都是90多岁高龄的老人，也是我认识的极其关注自我成长的人。他们深受宗教信仰的影响，一直坚信一切都是上天的安排。洛伊丝的父亲深受躁狂抑郁症的折磨，但在那个年代，大多数人都不重视这种病，将其归结为酗酒。许多个晚上，萨姆和洛伊丝都会被家人叫到俱乐部或酒吧去接洛伊丝父亲回家。他们成长在这样充满挑战的家庭中，从小就养成了为他人服务的习惯，将空闲时间都投入志愿者活动中。他们结婚成家后带着三个孩子搬到了加利福尼亚州，在一个美好的自然环境中抚养孩子们长大。他们似乎找到了可以幸福度过终生的避难所。

1982年，这段田园时光戛然而止。他们的儿子萨米在大学被邪教洗脑了。他加入邪教组织长达一个月，直到被萨姆救了出来。这段经历对萨米的心理与情感都产生了巨大影响。几个月后，萨米开车冲下悬崖，结束了自己的生命。萨姆和洛伊丝必须面对儿子的自杀，这可能是作为父母遭遇的最可怕的经历。

如果你是将学习和成长视为生活核心价值的人，该如何面对如此巨大的创伤呢？这个问题是没有简单答案的。洛伊丝对此的回应是列出了一份清单。一天深夜，她辗转反侧，无法入眠。于是她起身开灯，拿起纸和笔。她列出了所有烦恼和那些她迫切需要答案的问题。邪教是如何扎根的？为什么邪教对某些人有如此强大的吸引力？是什么导致一个人自杀的？活着的人被已自杀的亲人影响，如何才能面对这场悲剧？遭受了如此大苦难的人如何处理自己对命运不公的愤怒情绪？

萨姆和洛伊丝的生活一夜之间发生了变化，萨米的自杀对他们的意义也随之改变。当然，这仍是一个可怕的、令人心碎的悲剧。但它成了新成长的起点，这条新的道路赋予了他们的生活更深刻的意义和目标。

后来，萨姆和洛伊丝相依为命，同时还转移注意力去帮助他人。他们参与了加利福尼亚大学洛杉矶分校的一项新生自杀预防项目，接受咨询师、专家和其他有类似经历的人的辅导，他们和其他项目成员一样获益匪浅。

洛伊丝没想到自己日后会成为一名作家。她审阅了一篇关于如何应对自杀的文章后忍不住说道:"这也太糟糕了。"编辑说:"估计你写的文章会更好。"洛伊丝同意试着写一写。一本名为"哀悼自杀"的小册子就这么在洛伊丝笔下诞生了。成千上万的读者从洛伊丝分享的智慧中受益。

夫妻二人通过帮助他人收获了成长。有一天,一位同事走到洛伊丝的办公桌前说"我只想跟你说再见"。洛伊丝觉得有些不对劲。她跟着同事走进停车场,希望可以帮他,告诉对方,他对自己有多么重要。同事装作漫不经心地开车走了,但洛伊丝还是很担心。她继续打电话给他,终于说服了他跟她们夫妻一起吃饭。那通电话打断了这位同事的自杀计划。三人聊到深夜。

多年后,洛伊丝在开市客(Costco)商店再次遇到了这位同事。他的生活发生了巨大变化:他结婚了,还有了一对双胞胎,过着幸福而有意义的生活。多亏了萨姆和洛伊丝,他的生活没有像他们的儿子那样遗憾地戛然而止。

布卢姆一家失去儿子的创伤后成长给了我们很多启发。他们并没有沉溺在创伤中,而是选择拥抱它。当你对一段经历敞开胸怀时,你就开始成长了。就布卢姆一家而言,他们的宗教信仰成为他们的依靠,让他们对可怕的磨难保持开放的态度。即使在痛苦的煎熬中,他们仍然保持对上天的敬畏。

这并不意味着人们必须有宗教信仰才能应对创伤,关键是要像布卢姆一家那样去追求成长。如果不幸地经历了灭顶之灾,所有人都可以尝试萨姆和洛伊丝所采取的措施:寻求学习与成长的机会,而不是愤怒地抱怨；向能够为自己的成长之旅提供重要起点的人求助；把自己的经验奉献给其他需要的人。

第二个关于创伤后成长的故事是一个年轻人的经历。求学时期的埃莉丝是一个积极上进的学生。初入大学时，她当选为那届联谊会主席，后来兼任学生会主席和其他领导职务。毕业后，她找到了一份做咨询师的工作。像所有20多岁的人一样，她努力工作，经常加班、出差，空闲时就锻炼身体、和朋友逛街。她很开心、积极，为自己取得的多项成绩而自豪，同时很高兴能向他人证明自己的能力。

有一天，就像布卢姆一家一样，埃莉丝遭遇了灾难，这件事彻底改变了她的人生轨迹。那天深夜，她刚拼车到达客户所在的城市，就被车撞伤了。她的大脑严重受伤，她无法再继续做咨询工作了。她原本追求的成功而忙碌的生活，也无法再继续了。为了让自己不发疯，她不得不另谋出路。

回首往事，埃莉丝讲述自己如何慢慢地进入了学习心态，建立一种全新的态度，这一切仿佛是命运的安排。埃莉丝努力接触新事物，比如报名参加当地学校的艺术课，但她很快发现自己是同组学生中水平最差的之一。原来的埃莉丝好像消失了。如果不能成为在艺术领域最优秀的人，还有什么必要学这门课？但埃莉丝坚持了下来。"我喜欢从事艺术工作，它给我带来了快乐。"对她来说，这点改变足矣。

后来，她尝试学电脑动画，将之作为一项康复活动。虽然她意识到周围大多数人都比她画得好，但她没有放弃，而是继续努力。只要不超出脑损伤允许的电子屏幕使用时间，她就在晚上和周末尽可能多地通过相关视频学习，从中学到如何提升电脑动画的技巧。慢慢地，她的技术

第 8 章　以高弹性助推自我进化

不断精进，她也越来越自信。虽然她仍未达到专家水平，但她达到了自己的标准。在这个过程中，她体验到成长、满足感和成就感，这给她带来了巨大的快乐与安慰。

埃莉丝重新定义成功的故事让我们深受启发，即便我们没有遭受痛苦的个人创伤，也会受益匪浅。毕竟，我们每个人都需要提升某些方面的效率和技能，而这些技能不必符合世俗意义上的成功标准。成为优秀的团队领导者、沟通者、团队建设者和激励者所涉及的技能，需要我们终生去学习，并随时在各种环境中应用。因此，我们都需要向埃莉丝学习，外部专家或社会定义的成功与我们无关，达到我们为自己设定的成功标准才是最重要的。

除了埃莉丝和布卢姆一家，我还认识其他从创伤后成长中受益的人。我在撰写本书期间采访的其他人也谈到了许多创伤后成长的故事，包括父母去世、自己身染重疾等。例如，道格·埃文斯告诉我们，一位朋友的突然离世让他醒悟了，他以前眼中只有事业，如今开始重新排列人生中各种事项的优先等级。他设定了一个新的弹性目标：在专注于工作的同时，多关心自己在乎的人。一些专家的研究证实，创伤后成长非常普遍，这真是出人意料。例如，照护高危婴儿带来的压力，促进了更亲密的家庭关系、情感成长和看待生活的积极态度。

此时，我想起我在为高潜力领导者开办工作坊的第一天采用的练习。我在第 1 章提到，大多数领导者在回顾往事时都承认，自己从负面事件、高压时期、失败和挫折中学到的东西最多，但是我们一生都在极力避免这些经历！

THE POWER OF FLEXING
高弹性小贴士

收获高弹性力量的 7 个步骤

1. 识别即将到来的某种有挑战的经历。这种经历可能具有巨大的学习潜力。

2. 对即将到来的挑战，采取学习心态。以开放的态度尽可能从这段经历中汲取学习营养。

3. 确定一个弹性目标。除了实现任务目标之外，思考你还可以锻炼和提升哪些技能。这个目标可能来自当下的痛苦或对未来的期待。

4. 尝试一些新方法来实现目标。写下你的弹性实验计划。如果可能的话，将之与朋友或知己分享，并下定决心完成它。

5. 设置一些方式来提醒自己即使在最焦灼的时刻也要坚持自己的计划。

6. 对周围人的反馈保持开放心态，包括你留意到的信息和通过主动问询得到的反馈，听听大家怎么评价你在实现自己的目标方面的表现。

7. 找时间进行反思。在实现目标的过程中你学会了什么？你的尝试是成功了还是失败了？你还需要做哪些新尝试？在下一次挑战中，你希望继续朝着同一个目标努力，还是设定一个新目标？

我不鼓励大家刻意去寻求创伤或失败。对大部分人来说，这也没有必要。因为即使是最幸运的人、日常被满足感和成就感包围的人，也无法逃避痛苦。痛苦是每个人一生中的必经之路，只有积极地面对创伤才能实现彻底的改变。在艰难时刻，如果你以学习为指南针，就能从经历中汲取教训与力量，在不久的将来收获新的成功与满足感。

THE POWER OF FLEXING
**高弹性
行动指南**

1. 高弹性法则对职业转型期的深层价值在于发现人们全新的、复杂的身份。内化新的自我认知，成为最好的自己。
2. 迎接新任务挑战时，秉持高弹性法则的关键思维：将变化视为机遇。
3. 当批评不可避免地出现时，你要看到积极的一面，将其作为提升自己的机会。
4. 在艰难时刻，如果以学习为指南针，就能从经历中汲取教训与力量，在不久的将来收获新的成功与满足感。

THE POWER OF FLEXING

How to Use Small Daily Experiments to Create Big Life-Changing Growth

第 9 章

以高弹性引领团队成长

教练只有实现了自我的内在进化，
才能成为真正对客户有帮助的人。

THE POWER OF FLEXING

第 9 章　以高弹性引领团队成长

　　本书一直在讲述如何促进个人的成长。个人可以通过应用高弹性法则提升效率和领导力，而不需要借助传统的管理培训或指导。这种方法不是用工作技能或新知识武装大脑，而是让人们充分参与到自己的成长当中，尝试各种对自己、所在社区和组织都有益处的新实践。

　　从本章开始，我们将重点关注如何帮助他人实现成长。你可能是一位领导者，希望支持你的下属实现进步，学习更有效地协作，并为团队做出更多贡献。你也可能是一名人力资源经理，负责帮助高管们高效带领团队，最大程度地提高他们团队的生产力和创造力。你还可能是来自某个社区组织或公民协会的正式或非正式领导者，需要帮助普通公民成长为有影响力的领导者，为所在社区甚至整个世界带来积极的改变。你也可能是一位家长，希望将高弹性法则传授给自己的孩子，帮助他们在生活和工作上取得成功。

不管是哪一种可能，你在持续运用高弹性法则自我提升的同时，也希望将自己对于高弹性法则的洞察分享给更多人，鼓励和帮助他人实现成长。

教练的工作是一种成长游戏。成为教练可以帮助那些遇到阻碍的人、面临新挑战的人或有抱负的人。高管教练、生活教练和职业教练，就像体育教练一样，为辅导对象提供宝贵的指导与支持。他们帮助的对象非常广泛，包括从刚参加工作的年轻实习生，到业务和决策可能影响千家万户的《财富》世界500强的CEO。

优秀的教练可以教给我们很多关于个人如何学习和成长，以及如何帮助他人共同成长的知识。

为了更深入地了解优秀教练的工作内容和思维方式，我花了很多时间与前文提到过的卡林·斯塔沃基探讨。斯塔沃基是一位成功的合伙人，在德勤公司担任了11年的资深顾问，并在多家组织担任过临时主管，领导经验十分丰富。此后她创立了斯帕克领导力伙伴公司（Spark Leadership Partners），与来自全球的公司和行业高管合作，专注于高管培训，并担任高级领导者的"思想伙伴"。2019年，她被马歇尔·戈德史密斯评为世界百名"领导力催化者"之一，是当今最著名和最杰出的高管教练之一。

我还采访了获得国际教练联合会认证的专业教练沙内兹·布鲁切克（Shahnaz Broucek）。布鲁切克的教练方式来自30多年逐渐成长为领导者的历程和在小企业创业期间积累的经验。她在攻读斯蒂芬·M. 罗斯商学院的MBA时，重新思考了自己的愿景，并决定成为一名高管教练。从那时起，她创办了优普梅优公司（OptimizeU），帮助了数百名高管、团队和组织。她还与别人共创凯尔福吉沃斯公司（Care for Givers），为受疫情影响的一线护士及其他护理人员提供了基于科学研究的压力干预措施。

与斯塔沃基和布鲁切克共度的时光，让我获知了许多关于优秀的教练是如何为客户带来价值的宝贵经验的。尽管这两位教练从未谋面，还在不同的地区从业，但她们提出的意见和建议都颇为相近，这从侧面证明了二人的教练方式的确有独到之处。如果你即将开启教练生涯，帮助周围的辅导对象学习和成长，二人的做法可以作为你的入门方法。在本章的最后部分，综合了许多行之有效的问题，你可以在不同的辅导阶段用这些问题来引导和帮助他人通过学习来实现自我成长。

为成长创造环境的 8 个技巧

优秀的教练通常将客户或辅导对象视为自我的"专家"，因为他们最了解自己的需求和能力。教练的角色仅仅是引导和支持他们发现自己的潜能。而你即将成为高弹性法则的专家。如果你需要利用高弹性法则辅导他人，第一步便是创造条件，让双方能够更好地协作。这一步类似于第 2 章中提及的事项，检查并校准心态，尽量减少阻碍成长的想法和假设的出现，发现并鼓励有利于成长的想法与假设。

作为教练，你的目标是与辅导对象建立高质量的连接：一种开放、自由、允许表达或积极或消极的情绪的关系。要建立这种高质量的连接，你必须努力在这段关系中做到全然的存在，沟通你的想法、真正倾听、以好奇和不带偏见的方式与辅导对象进行沟通。布鲁切克说："关键是让辅导对象感觉自己被看到、被听到、被尊重和始终有安全感。"

以下是一些具体的技巧，帮助你为客户创造一个促进他成长的环境。

技巧 1：创造成长的空间

首先为辅导对象创造一个安全的空间，以便了解他当下经历了什么。这是一个让他身心都能感到安全的空间，他可以安心地在这里畅所欲言，倾诉自己在人际关系方面的难言之隐，讲述痛苦或令人不堪的经历，承认自己的弱点，描述自己的恐惧和其他任何会暴露自身弱点的事情。创造安全的空间是成为优秀教练的关键一步。大多数人很少有这样的机会毫无顾忌地倾诉自己遇到的麻烦或寻求帮助。辅导对象的职位越高，这个安全感问题就愈加突出。一名新员工，与一名成熟的高管、公司副总裁、企业 CEO 或大学校长相比，更容易承认自己的焦虑、恐惧与安全感的缺乏。在这种情况下，你需要花点时间和辅导对象培养相互信任关系，以便找到让成长真正发生的空间。

斯塔沃基指出了时间的重要性。辅导过程中缺乏充足的时间会阻碍双方安全感的建立。与其在忙碌的日程中草草进行仅 10 分钟的辅导对话，不如安排专门的时间，并防止电话或短信等任何可能的干扰。她还建议尽量留出充足的辅导时间。如果你预计辅导对话将持续 20 或 30 分钟，那么请留出一个小时。你的目标重点是与辅导对象谈话。斯塔沃基说："这件事很重要，我为此留出了充足的时间。"

技巧 2：做好深入挖掘的准备

你的辅导对象可能会一开始就提出问题，他们讲述自己的忧虑，并希望寻求帮助。这是教练工作的重要起点。斯塔沃基和布鲁切克指出，在大多数情况下，他们陈述的问题并不是真正需要解决的问题。因此，教练要对他们表述的问题持保留态度，保持好奇心，做好准备进行更深入的对话，挖掘潜伏在表面问题之下的更深层次的问题。

对于许多教练来说，许多人真正的潜在问题是缺乏自信。有许多高层领导者陷入诸如"我能做到吗""我足够优秀吗"之类的自我怀疑与挣扎中，斯塔沃基曾对此感到非常惊讶。当然他们很少直接这样问，但这些核心问题都隐藏在辅导对话中。同样，布鲁切克也观察到，无论辅导对象多么成功，他们的内心都住着一位批评家，他们的大脑里有一个声音经常对他们自己说"我不知道我在做什么。我不确定这么做是否正确。如果这事搞砸了，那会是一场灾难"。即使是管理直觉敏锐且事业非常成功的领导者，大脑里也会出现这种源自恐惧的独白，让他们沉溺于当下，选择无意义地加班和承压。

由于展示脆弱成了一种社会禁忌，缺乏自信所致的恐惧常常被变相表达出来。辅导对象可能会说"我没有时间尝试新事物"，但其实是因为他们内心深处害怕冒险和改变。他们也可能会说"我的公司不会让我按照自己的方式带团队"，而实际上阻碍他们的正是他们自己的恐惧。对于教练来说，找到真正的问题需要看透表面的伪装，去发现到底是什么导致了辅导对象出现不正常的行为或停滞不前。

技巧 3：设定适当的目标

实施高弹性法则的一个关键是设定弹性目标。作为教练，你需要帮助辅导对象找到一个适当水平的目标。例如，如果你的辅导对象像斯塔沃基的一位客户那样，目标是让团队成员更愿意追随自己，那么你的工作就是与他一起确定实现这个目标的步骤：他当下的行为模式中缺少什么？是否需要学习更有效地倾听？是否需要培养耐心或控制愤怒的情绪？根据辅导对象的不同，以上的调整方式或其他需要调整的方面，可以作为相应的目标。如果你能够帮助辅导对象识别当前问题背后的真正挑战，那么你在帮助辅导对象选择正确的弹性目标时将发挥关键作用。

技巧 4：提出真正能激发思考的问题

教练采用的最重要的方法是深入探究：提出问题让辅导对象更深入地思考所面临的问题和之前的经历在他们成长和发展过程中发挥的作用。

有时，也需要提出看似基本和浅显的问题。斯塔沃基有一名客户名字叫罗莎，她正准备开始在工作上大展拳脚。罗莎是公认的组织接班人，得到了组织的大力栽培。斯塔沃基的工作是帮助罗莎充分发挥自己的优势，为接班做好准备。斯塔沃基先抛出一个问题，她问罗莎："你到底想要什么？"

罗莎默默地盯着她，最后承认："我从没想过这个问题。"这令斯塔沃基十分惊讶。

斯塔沃基接着问："当你展望未来的职业生涯时，你最渴望得到什么职位？首席运营官还是 CEO？"

罗莎再次沉默以对。她被日常繁杂的事务裹挟，从未停下来思考过关键的发展里程碑到底在哪里："我在公司最高会晋升到什么职位？我想成为首席运营官吗？我会希望成为 CEO 吗？我希望在职业生涯中取得哪些成就？什么职位会让我感到满足和充实？"

在随后的谈话中，斯塔沃基和罗莎详细探讨了这些问题。她们一起探讨了如何以罗莎为中心设定职业目标，而不是听命于公司，她们让这个目标回归它的主人：罗莎。这个转变极其重要，让罗莎的内心充满力量。

深入探究可以让人们在经历与思考之间建立联系，从经历中去思考。例如，假设辅导对象分享了一段对他影响至深的经历。你可以问对方："这段经历教会了你什么？为什么事情会变成这样？如果还有机会，你会做出什么不同的反应，会有哪些不同的结果？"诸如此类的问题可以帮助辅导对象形成自己的观点与结论，建立经历之间的连续性，并得到有利于他们未来学习和成长的启发。

技巧 5：激发想象的力量

教练通过深入探究还能激发辅导对象的创造性想法，进一步实现成长。

斯塔沃基最喜欢问新客户的问题是："想象 5 年后的今天，你我在机场邂逅喝咖啡，你那时的生活会是什么样的呢？"这个问题会激发辅导对象生动地展开对未来生活的想象。这幅速描的图景是辅导的第一步，让他们主动思考如何从当下生活开始将愿景变成现实。除了能够帮助辅导对象识别他们需要采取的行动、学习的技能及摒弃的陋习外，想象还能够帮助辅导对象认清拒绝改变的代价。换句话说，通过想象确定有哪些当下正在遭受的痛苦是可以通过改变解决的。

技巧 6：挑战假设

教练工作的一部分是帮助辅导对象突破预设。一个人的成长环境、教育背景、所处环境或社会风气都在塑造着个人信念。不以事实为根据的预设、不准确的认知和刻板印象是一个人学习与成长的最大障碍。

斯塔沃基讲述了一名辅导对象初次被提拔并担任管理职位的故事。他叫贾斯汀，非常聪明和成功，但他的过往经历和少数人给他的反馈在他的大脑中塑造了一个非常清晰且局限的自我认知："我不是战略家，而是一个实干家。"如果听之任之，这种简单粗暴的预设很可能会严重限制他未来的职业发展。

斯塔沃基通过挑战假设的方式帮助贾斯汀摆脱了限制性的自我认知："暂时不要理会大脑中那个强调分析和实际的自我，让你的直觉告诉你，公司未来的发展方向是什么。"贾斯汀按照斯塔沃基的指示去做，构思了一些非常强大和令人印象深刻的战略。斯塔沃基敏锐地帮助贾斯汀意识到这一点，加深了贾斯汀对战略意义的理解，并帮助他按照自己的方式实现构想。贾斯汀开始修正自我认知，在从未想过的新方向上创造了更多的成长机会。通过打破贾斯汀有缺陷的预设，斯塔沃基帮助他在原有的基础上，融入了新角色，并为公司带来了价值。贾斯汀变得更有信心去提出简单但有力的问题，凭借强大的直觉的力量，围绕企业文化和与员工沟通的问题与斯塔沃基进行谈话。同时，贾斯汀也谈到了他对工作性质的深刻了解和在战略方面更敏锐的直觉。

斯塔沃基最喜欢的口头禅之一是"摆脱'应该如何'"。她鼓励辅导对象忘记自己应该成为什么样的人、应该做什么。相反，她希望辅导对象去挖掘自己的真实身份，发现客观存在的机会，预设在未来几周、几个月和几年内真正想要完成的事情。类似的辅导干预可以帮助辅导对象具备一种轻松愉快的"但行好事，莫问前程"的心态，并充分利用高弹性法则的优势。

技巧 7：鼓励实验

教练的天然优势是，利用自己的教练身份鼓励辅导对象进行实验。作为教练，你可以强调学习心态、寻求反馈和反思等概念，向辅导对象展示这些方法，能够帮助他们解决生活和工作上的挑战。

我跟踪研究的高管教练提出了多种多样的实验方法。沙内兹·布鲁切克建议辅导对象找到自己欣赏的领导者，观察他们身上有哪些行为方式值得自己去尝试。斯塔沃基则建议辅导对象反思曾经尝试过的实验："你什么时候尝试过新事物？发生了什么？你从中学到了什么？今天有没有什么新方法可以试试？"她还帮助辅导对象找到可以立刻进行的实验，将宏大的想法分解为小小的行动计划，让这些计划看上去不那么难且更容易着手实施。类似的方法可以帮助辅导对象采用开放的、寓教于乐的方式开展实验。

优秀的高管教练还借助自己广泛的商业经验和知识来帮助辅导对象构思实验。如果辅导对象觉得某件事异常棘手，自己在这方面的知识明显不足，布鲁切克就会分享其他领导者在类似情况下的做法，提出可以尝试的策略。斯塔沃基则依靠她在不同职能领域的经验，她说："我可以跟我辅导的高管在任何他们熟悉的领域进行对话。当谈论营销或供应链时，我可以参与；当谈论组织管理时，我也可以参与。我了解所有这些职能部门，因此对话很顺畅。"她对商业领域的理解深刻而广泛，所以她能够识别哪些实验可以尝试，她经常建议："为什么不试试这样做？"

你可能并不具备上述高管教练所掌握的广泛的知识，但每个人都有独特的个人经历，可以用自己的独家心法帮助他人思考所面临的挑战。

教练从一种新的视角入手，可以帮助辅导对象重新审视他们的问题，通常可以很有效地打破这种思想僵局。**本着开放的探索精神，开门见山地提出自己的想法和经验，帮助辅导对象形成新的思维方式，会开展一个令人大开眼界的实验计划。**

技巧8：看到自我成长

最后，深入探究是非常有价值的做法，有助于强化辅导对象关于成长的自我论述或身份认同。教练可以找机会去问这些问题："你这周学到了什么？你正在研究什么新技能？你获得了哪些新见解？你的成长计划进度如何？"当教练在进行自己的高弹性成长计划时，也很适合问自己这些问题。

这些问题不但是建立对话的跳板，而且是帮助辅导对象将成长与进步当作自己身份认同的一部分，这本身便是个人发展的重要因素之一。教练帮助辅导对象看到自己的成长并提醒他们取得的进步，就是在帮助他们迎接新的挑战，促使他们不断地学习与成长。

帮助他人克服成长障碍的 7 个方法

就像每一项富有价值的活动一样，我们需要一定的努力才能获得成长。作为教练，你需要了解在这个过程中会有哪些障碍。我认识的专业教练将再次分享宝贵的方法，帮助学员克服成长障碍。

方法 1：克服完美主义

斯塔沃基指出，完美主义是学习和成长中最常见的障碍之一。"人们过于追求完美，是因为在人生大部分时间里，完美主义有助于人们取得成就、获得认可及保障财务安全。"确实，如果恰如其分地采取把所有事情做对的态度，就会达到满意的效果，比如事无巨细地管理、希望工作尽善尽美、避免任何有风险的工作等。但当一个人试图以完美主义处理生活或工作中的所有问题时，就几乎不可能实现开放式学习、成长和实验。毕竟，实验的本质就意味着尝试新事物，结果不明并且可能失败。

克服完美主义往往需要探索内在。你应该问辅导对象这些问题："为什么尝试新事物很难？你有哪些担忧或焦虑？如果尝试新事物并失败了，会发生什么？就算结果不完美又如何，会影响你的自我形象吗？"简单地谈论完美主义的情绪底层逻辑可以帮助辅导对象摆脱这种束缚。

你还可以与辅导对象谈论他当前生活或工作中的挑战，一起寻找他的安全区，在这个区域他对不完美主义的容忍度更高。并非每件事都是生死攸关的。大多数人都可以找到尝试新做法和练习新技能的机会，并且不会威胁到他们的长期成功或声誉，而教练需要帮助他们识别这些机会。

方法 2：留意并回应消极的信念

在辅导过程中，斯塔沃基和布鲁切克都会仔细留意辅导对象在描述自己的目标和实验时，有哪些固有的消极信念。人们在谈论自己的学习和成长计划时，往往会透露很多信息，其中隐藏的消极信念可能会对他们的行为产生重大影响。

斯塔沃基会注意到那些缺乏自信的言论，比如，"我怀疑我是否能做到""我不知道从哪里开始"。布鲁切克则密切关注那些暴露固定型思维而非学习心态的信息，比如，"我不会成为一个社交型人才""和她一起尝试没有意义"。

你可能会对固定型思维有多么普遍且根深蒂固感到惊讶。我曾经跟一所知名高中的校长探讨过这个问题，这所学校为高年级学生开设了领导力课程。我们在讨论课程时，校长的话让我吃惊："我很关注到底谁参加了这个课程。我只想要真正的领导者。"

校长如此谈论17岁的孩子们，我十分惊讶，就好像他们的领导潜力是固定的且可以被衡量的，很多研究明确证明这种认知是错误的。然而，类似的观点在美国企业界和其他地方仍然广泛传播。

优秀的教练能够从辅导对象的口头表述和其他线索中识别消极信念，并与对方一起处理这些信念，帮助对方实现心态转变。他们会提出"还有其他可能吗""这种心态对你想实现的改变有多大帮助""是否能试试不同的思考方式，来看看效果如何"等问题。

方法 3：寻求小胜的机会

作为教练，当辅导对象认为改变过于困难而犹豫不决时，你可以通过帮助辅导对象取得一些简单的、容易实现的成果，来鼓励他们开始从经历中学习。我在密歇根州立大学的同事卡尔·维克（Karl Weick）将此称为"小胜心理学"。小胜是具有一定重要性的具体结果。它本身可能微不足道，但它对于启动下一次小胜来说是一股重要的力量，比如获取更多的知识或寻找重要的盟友等。随着时间的推移，积累小胜会带来更大的胜利。维克认为人们对社会变革的追求体现了这一哲学，但它在个人心理学方面也能够发挥有效的作用。

布鲁切克热衷于给辅导对象推荐小胜策略。她提出："如果辅导对象想提高获得反馈的技能，我会建议从自己信任的人开始问询，在将这个技能运用自如时再向其他人寻求反馈。"

斯塔沃基也采取了同样方式："我的一些辅导对象在进入新角色或应对重大的新挑战时，需要变得很强大，但我们知道'不积跬步，无以至千里'，一次一小步，不断增长。这会让他们对自己取得的进步感到满意，随着时间的推移，不断强大起来。"

方法 4：利用好所有信息

有时，辅导对象可能会过度关注某些反馈，而忽视其他反馈。例如，他们可能专注于负面反馈而忽略了正面反馈；或相反，过度关注表扬自己成功的反馈，而忽略指出问题的反馈。

布鲁切克观察到，人们倾向于只关注某个人的反馈，通常这个人是他们的老板。她鼓励辅导对象在向他人问询如何看待自己和自己的发展目标时，要考虑所有利益相关方的反馈，包括老板、下属和同事。她经常使用360°反馈，以便从多个利益相关方收集定量的反馈。她和斯塔沃基还尽可能通过访谈来补充辅导对象的信息，更深入地了解辅导对象的个人优势和劣势，以便更多地得知辅导对象在其他人心目中的形象，并能够仔细斟酌关于辅导对象的言论和隐含的信息。如果你也能获得此类工具，请充分利用所有的信息。

教练还可以考虑采用我在第3章提到的练习，即"发现最好的自己"。这个练习专为识别个人优势而设计。斯塔沃基和布鲁切克也是这么做的。教练要告诉辅导对象在进行这个练习时，可以向关系密切的20个人发送一封简短的电子邮件，这20个人可以包括同事、客户、社区成员、朋友和亲戚等。辅导对象可以在这封电子邮件中提出一个简单问题："请告诉我，你觉得我的优点是什么？"作为教练，你可以帮助辅导对象确定某个主题、行为倾向、表现方式、干预方式和其他重要特征。目标是在识别个体优势的基础上，设定成长目标。最近的研究表明，在团队中运用这项练习也能产生强大影响。当人们了解自己的优势时，就不会那么在意外界的声音，更愿意探讨团队需要进步的方面。

方法5：努力管理负面情绪

恐惧、沮丧和焦虑通常是拒绝尝试新事物的根源，因此教练工作的一部分是帮助辅导对象理解并处理这些负面的情绪。

有时，解决办法始于不同的视角和心态。斯塔沃基采用诸如"那为什么不呢"和"再糟糕又能如何"的方式提示辅导对象，这类问题能引出理性思考的自我，从而超越情绪中的自我。

斯塔沃基还发现让辅导对象谈论并处理负面情绪是解决问题的有效步骤。例如，她偶尔会让受内疚或焦虑折磨的身居 CEO 高位的辅导对象写下一张诸如"我允许自己请一天假"或"我允许自己在开会时直接说'我不知道'"之类的便条。亲笔写下声明并签字，对于减少内疚和焦虑会非常有效。

方法 6：让成长成为一种习惯

布鲁切克设定了她作为教练的最终目标：负责帮助辅导对象养成与理想的自我保持一致的新习惯。她让辅导对象尝试新方法并不断重复，在大脑中建立新的神经通路，使之随着时间的推移成为习惯。

然而要做到这点异常艰难。布鲁切克认为"责任合伙人"（accountability partner）能够定期提供反馈和鼓励。例如，你的责任合伙人可能是每周与你一起参加周会的人，每次会后你可以问他："这次的会议进行得如何？你对此怎么看？请告诉我可能在哪些地方疏忽了。"最好的责任合伙人能够完全站在你这一边，支持你并且不随意评判你。责任合伙人能够在你都无法信任自己的情况下，无条件地相信你。找到这个人是关键。

斯塔沃基经常当责任合伙人，她常常列举这个机制的两个好处。第一，这是你作为领导者可以采取的最有力的举措之一，因为你展示了一种心态，体现自己希望学习和成长，同时也能激发他人学习和成长。第二，对于你的责任合伙人来说，这也是很棒的发展机会。他们必须真正关注你和周围其他人的动态，观察其背后的含义，然后给你反馈。任何管理都需要培养这项重要技能。

培养习惯需要精心组织。辅导本身就有一种节奏，能够与高弹性成长计划配合起来。教练和辅导对象定期见面，每周、每两周或每月，可以通过"做—评估—做—评估"这样的重复来推动，为反思和思考创造一个自然的空间，在责任中建立这种节奏。这样的结果还可以轻松地将所需的改变拆解成小块，利用每次会议设定新目标、定义新实验，并根据需要调整优先级。

如果你不是教练，很可能无法建立这样的关系。例如，如果你是一名指导下属的老板，你可能没有足够的时间确保每周一次的教练会议。此时，如果组织能够实施一个融入组织宏观文化的系统方法，并得到人力资源部门的支持，将会很有帮助。我们将在接下来的两章中讨论这些问题。

方法 7：建立个人高弹性系统

"我相信最好的教练是一直在努力提高自己的教练，"斯塔沃基进一步解释，"在每一次与客户的互动中，你都需要判断自己是否影响了沟通。你需要觉察自己无意识的偏见以及它们如何影响客户。"因此，只有教练实现了自我的内在进化，才能成为真正对客户有帮助的人。

斯塔沃基这一判断不仅适用于高管教练，也适用于任何想帮助他人学习和成长的人。如果真心想帮助他人成长，那么请先积极塑造自己的成长。

开始辅导前先思考这些问题

给教练的入门问题：

- 你采取了哪些方法为辅导对象创造安全的空间以充分探讨他们的问题？
- 你可以采取什么方法与辅导对象建立高质量连接？
- 你在辅导过程中，如何才能提高现场感，而不是通过打电话、回复电子邮件等方式？
- 你可以设置什么界限，以便你和辅导对象都清楚哪些是可以期待的？比如，你是否设定了单次辅导的时间和辅导频率？
- 你如何让辅导对象了解你正在全神贯注地倾听？比如，通过复述你所听到的内容。
- 你以什么方式向辅导对象提供安全保证？比如，郑重承诺保密。
- 你的辅导对象在他们当前的经历中，有哪些能体现他们心态的线索？你是否发现了需要解决的问题？

从3个方面问询辅导对象

增强注意力的问题：

- 在你努力成为理想的领导者的过程中，你需要解决的最重要问题是什么？
- 目前对你来说最痛苦的问题是什么？
- 根据显性反馈和隐性反馈，人们目前对你的评价如何？
- 你当下付出了哪些代价？比如人际关系的代价或情感上的损失。

- 当下周围的人是否也付出了代价？
- 当下怎么做是有益的，对你有什么好处？比如，尽量减少表达愤怒有什么好处？
- 你希望他人如何评价你？在目前的情境下，你理想中的领导者会怎么做？
- 请用最简短的语言，概括你最希望实现的重要目标。

鼓励尝试的问题：

- 你会采取哪些行动来解决当下的问题并追求实现目标？
- 在迈向最终目标的路上，你可能会追求哪些"小胜利"？
- 如果你不恐惧，你会尝试哪些新做法？
- 你如何获知实验的有效性？哪些指标会提示成功？
- 你是否有一个责任合伙人可以给予你反馈，确保你没有偏离正确方向？你将如何在尝试新做法的过程中引入问责制？

评估并巩固进步的问题：

- 你觉得自己进步了吗？
- 你是否收到需要改进的反馈？你是否收到关于新挑战或持续挑战的反馈？
- 你注意到哪些新的反应与之前看到的不同？
- 你可以向谁寻求反馈？比如这样问："我一直在研究倾听、更开放等问题，你觉得我现在做得怎么样？"
- 你如何创建一个让所有人可以畅所欲言给你反馈的环境？
- 你对他人反馈的接受度如何？你的语言和非语言信号是否体现了开放心态？

- 根据目前发生的情况，你接下来会尝试做什么？
- 当前你的目标和所做的事情是否相关？有什么新事情提示你应该追求一个新的目标吗？如果有，是什么事情？

自我辅导问题清单

虽然这一章的重点是帮助他人学习和成长，但教练的问题清单也非常适合个人使用。你可以应用上面列出的问题实现自我辅导。如果你能以正确的心态进行探索，请你在头脑清醒的时候，使用下面的问题自我辅导。

- 现在是进行自我辅导的合适时机吗？
- 你是否能够进入自我抱持的氛围，以便充分探讨你的问题？
- 你是否能够专注于你需要解决的问题，而不是在看手机、看电视、回复电子邮件等方面分心？
- 你能承诺对自己全部想法和情绪持开放态度并解决问题吗？

THE POWER OF FLEXING
高弹性行动指南

1. 作为教练，你的目标是与辅导对象建立高质量的连接：一种开放、自由、允许表达积极情绪或消极情绪的关系。
2. 找到真正的问题需要看透表面的伪装，去发现到底是什么导致辅导对象出现不正常的行为或停滞不前。
3. 提出问题让被辅导者更深入地思考所面临的问题，以及之前的经历在过程中发挥的作用。
4. 摆脱"应该如何"，发掘自己的真实身份。

THE POWER OF FLEXING

How to Use Small Daily Experiments to Create Big Life-Changing Growth

第 10 章

以高弹性帮助企业管理

与其选择培养一小部分员工，
不如向所有人提供发展领导力的机会。

THE POWER OF FLEXING

第 10 章　以高弹性帮助企业管理

高弹性之美，源于它是一种完全的自发行为。你可以自行决定是否要"投资"自己的成长和发展，并在整合与巩固所有经验教训的过程中，掌控所有能够支持自我成长的因素，而这一切不需要他人的指导或鼓励。

这种自主和自由非常有吸引力，尤其在当今世界，人们频繁更换工作，还有数百万人以企业家、自由职业者和独立承包商的身份独立开展工作。

但是优秀的组织也应该认识到拥有成长型团队的价值。这样的组织可以利用高弹性的力量去培养员工，使之发挥巨大的优势。这需要一种全新的思维方式来鼓励和发展人才。高弹性的思维方式与组织人力资源部门促进领导力发展的传统方式形成鲜明对比。

一种更适合当下的领导力发展模式

所有组织都重视领导力发展。麦肯锡咨询公司于 2014 年发布的一份报告中如此描述:"多年来,企业在提高管理人员的能力和培养新的领导者方面投入了大量的时间与金钱。仅美国企业每年就在领导力培养上花费近 140 亿美元。"尽管投入如此巨大,但领导力仍被认为是全球组织面临的头等人才问题。在德勤的一项调查中,86% 的受访者认为领导力问题是紧急且重要的。此外,500 名高管对他们的三大人力资本优先事项进行了排名,近 2/3 的高管认为领导力发展是他们最关心的问题。虽然企业领导者认为在各个层面上培养领导者至关重要,但只有 13% 的人认为自己在这方面做得很好。

大多数企业在领导力发展方面的基本认知存在问题。企业采用差异化战略,仅仅选择培养一小部分高潜力员工的领导力。虽然这种策略在短期内可能对招聘最优秀的程序员、营销人员和经理有一定效果,但不适合在整个组织架构中系统地培养当下所需的领导者。然而,这个模式是当下最主流的策略。近期的一项研究针对 80 家致力于领导力发展而闻名的企业,结果显示 42% 的企业表示高潜力员工仅占其总员工数的 1% 至 9%,这意味着 90% 以上的员工没有机会发展领导力。还有 35% 的企业将高潜力员工的比例设定在 15% 以内。尽管此类筛选的结果可能永远不会公开披露,但无论是否被正式告知,绝大多数员工都知道自己属于哪部分人群。因此,超过 65% 的企业对 85% 以上的员工说:"企业不需要也不鼓励你发展领导力。"

在历史上的某个时期,这种策略可能是有一定道理的。在工业时代,等级森严的组织创造了竞争优势。一小部分高层做出决策,并通过指挥和控制过程得到反馈。在一个教育、信息和管理技能掌握在少数人手里的世界里，这种策略很奏效。但在当今日益复杂和动态发展的世界，这种方式过时了。新世界要求组织随时应对复杂、模糊和快速变化的调整。企业需要一线员工更投入和更主动，比如：适应新兴技术创新的 IT 专业人员；能够感知客户偏好和新趋势的客服；以及能捕捉员工不满情绪，并能在小问题演变成大问题之前就预判并解决的一线人力资源负责人。简而言之，当今的组织需要更多像领导者一样思考和行动的人，但传统的领导力发展战略导致组织不可能广泛地培养领导者。

有证据表明，更糟糕的是很多企业甚至做不到正确识别高潜力员工。领导力发展专家杰克·曾格（Jack Zenger）和约瑟夫·福尔克曼（Joseph Folkman）最近分析了 3 家企业的数据。这些企业将 5% 的员工认作高潜力员工。根据 360° 评估，两位专家发现，其中有 42% 的所谓高潜力员工在领导效能方面的表现低于平均水平，甚至有 12% 的高潜力员工处于该企业 4 个级别中的最低水平。他们将之归因于组织倾向于选择那些具有出色的技术技能、强调结果导向、相对信守承诺和更符合组织文化的人。虽然这些属性都会对一个人的领导能力产生一定影响，但它们并不是核心领导技能，其实后者包括适当委任、积极影响他人和推动必要变革的能力。忽略大多数员工领导潜力的企业的基层堆积了大量员工，其中可能有人比少数高潜力员工更具备领导潜力。多么可悲的人类潜力浪费！

百事可乐全球人才评估和发展高级副总裁艾伦·丘奇（Allan Church）一直主张企业通过衡量学习和成长的能力来识别具有领导潜力的人。企业应该将这种能力作为领导力发展工作的核心。与其向一小部分人提供机会，不如培养所有员工发展自身领导力。支持所有人，而不是分而治之。这种方式的根本逻辑在于，任何人都可以在任何时候、任何职位开始提高领导力和个人效率。严谨的研究发现，一个人成为领导者的倾向只有 30% 可归因于遗传，所以大多数人都拥有成为领导者的潜质。

为了让所有员工都能够在发展领导力方面做到最好的自己，高弹性法则教给每个人培养自身领导潜力的方法。这种方法让领导力的发展更加民主化，让那些曾经是众多"未被选中"的人也能够开发自身潜力。它抵消了相似性偏见，这种偏见让很多在位管理者倾向于选择与他们言语、行动和思考相似的新一代领导者。相似性偏见往往会导致相对同质化、非多元化的领导团队。在如今日益多样化的世界，这种团队疲于应对快速变化、不可预测的挑战。

支持所有人发展自身领导力的方式基于个人主观能动性，让人们充满动力。随着时间的推移，员工将学会为自己做事、为自己的发展和成长负责。研究表明："当个人为自己的成长负责时，他们会主动寻找机会来实现成长。相反，当员工将组织视为成长的推动者时，他们只会等机会上门，比如通过培训计划或升职。"员工采取积极主动的心态，就更有可能抓住所有施展领导才能的机会。

这种方法还能避免突出少数人的传统领导力发展方法显而易见的缺陷。如果 85% 的员工被告知他们不值得被栽培，他们有可能变得心怀不满、缺乏动力并不愿为组织效力。许多人更是会对受领导者青睐的少数人产生一种天然的敌意。冲突、怨恨和沮丧只会是自然结果。而每个人都有发展自己的机会，就会最大限度地减少这些问题。

基于此，投资领导力和个人效率项目对员工具有普遍吸引力。如今的就业市场瞬息万变，人们可能在职业生涯中多次跳槽，甚至跨行。每个人必须在竞争激烈的就业市场中不断推销自己，学习如何进步、发展领导力与提高个人效能就成为特别重要的生存技能。所以，支持并帮助员工实现这种能力的企业将更受欢迎。

这种领导力发展的新方法被称为"领导力的普遍心态"（universal mindset regarding leadership），这是由我的同事克里希纳·萨万尼（Krishna Savani）命名的。传统的做法是需要暂停工作到其他地方学习发展领导力，新方法则将之转变为在工作中学习，在一种必将经历的过程中学习。人力资源部门在这个转变的过程中将发挥关键作用，可以采取措施让员工和领导者逐渐学会应用高弹性法则，最终让组织中的每个人都能受益。

理想的新员工入职培训计划

在新员工入职培训时，可以向他们介绍高弹性法则。企业通常会同时有许多新员工入职，比如在毕业季招聘一批新的大学毕业生。然后，根据轮岗计划，让他们在各个职能部门进行实习。这样的新员工培训计划可以在高弹性法则的支持下发挥更强大的作用。企业可以在新员工第一次轮岗前统一培训。首先，让他们了解学习心态的重要性，除了学习工作职能的内容，还要确认自己当时的弹性目标。其次，举例说明他们可以在第一次工作轮岗中尝试的几个弹性实验。

此外，新员工可以互为搭档，或组成分享成长计划的互助小组。这样的形式将帮助新员工明确弹性目标，产生可尝试的新想法并努力保持学习心态。搭档还将通过定期反馈和讨论来帮助自己和对方增强责任心。

第一次轮岗结束之后，新员工重聚并进行系统性反思，相互学习成功的策略，相互提醒需要越过的障碍。在第二次轮岗期间，他们可以继续致力于同一个弹性目标，或换一个更相关或者更重要的新目标。在第三次和第四次轮岗期间，再重复这个过程，开会、反思、进入下一次轮岗。

在轮岗计划结束后，这批新员工将会像大多数参与过轮岗计划的员工一样，深入理解了企业文化和业务。此外，他们还将更了解自己。相比传统的员工入职计划，这种计划发挥的作用更强大。这批新员工将学会识别个人发展机会，理解如何提高个人效率和成为领导者，在同行的新员工中发现自己想效仿的榜样，并在反思会议上获得经过认真讨论的反馈。

在入职培训计划中加入高弹性法则，从一开始就强化了员工对自己的成长负责的理念。他们的成长对企业很重要，企业也将在此过程中为他们提供支持。

这个过程能够让同一批新员工发展出独一无二的智力、社交与心理连接，他们将以亲密无间的方式一同面对学习与成长的挑战。在接下来的多年中，由此形成的员工和领导者网络接受过高弹性力量的加持，熟悉自我促进成长的过程和优势，将进一步支持这个网络中每个人的持续成长，再以他们为模板，激励网络中其他人的成长。

更顺畅地度过职业转型期

除此之外，高弹性法则对于新晋领导者或从部门、子公司或政府转岗的员工来说也是一个强大的工具。

前文提到，转型期本身就适合运用高弹性法则。在这个特殊的时期，人们对自己施加于外部的影响、个人能力水平及采取新的行为抱有更开放的心态。组织提供的支持可以强化和放大学习心态，促使转型者不仅能适应新角色，还能加深自我认知。

一旦组织做出了员工升职、调动或相关安排的决定，人力资源部门就可以采取几个步骤运用高弹性法则，支持相关员工。较理想的方法是将同一批转型的员工组成一个工作组，让他们更深入地了解如何成为一个好的领导者、如何尽快适应新职位以及每个人所面临的挑战。

然后，要求每个相关员工从即将开展的活动中，选择一个作为成长的机会，比如召开与新团队的第一次会议、组织一次战略会或开展一场艰难对话等。类似的提前思考与预想能够带来积极效果。一项实验发现，当员工利用早上通勤时间预想当天工作计划时，就认为通勤不再烦琐，工作满意度提高了，离职率也降低了。即使在如此小的层面，预想都依然有效，对于更重大的组织转型来说，预想的作用就更强大了。

组织还可以向相关员工提供一份清单，即转型计划，列出能帮助他们提高效率的方法，比如"识别关键利益相关者并与他们会面""确定新工作是否成功并达成一致标准"。转型计划还可以包括高弹性法则的关键要素：确保学习成长方向、设定弹性目标、确定新实验的内容、寻求反馈、腾出时间进行反思，等等。组织还可以结合新员工入职培训计划中提到的搭档和系统性反思过程制订转型计划。

你可能怀疑转型计划对于各种情况、各种岗位的转型员工而言是否有效。因为员工最终会进入各种各样的地域和情境。但这种多样性实际上是转型计划的一个优点，而不是缺点。转型员工们的经历不尽相同，他们互相深入交流和进行反思对话，不仅可以从自己的经历中学习，还能够从他人的经历中获得力量。

密歇根州立大学在学生暑假实习期间，推出了一个实验项目，也获得了相似的效果。在暑期实习前，我们向学生系统介绍了高弹性法则，带着他们完成了几项准备步骤。然后将他们按照不同行业和不同地域进行分组，以最大限度地提高多样性、减少隐私被侵犯的困扰。这些学生按小组在暑期时进行线上分享与讨论，在返回校园后开展了面对面的复盘会。他们汇报称，实习期间通过相互讨论各自了解的多样的经历，极大地提升了学习效果。

助力新高管快速进入状态

企业聘请高管是一个关键决策，无论成败对公司的影响都非常大。在一家大公司，空降高管往往会影响数千名员工和数十亿美元收入的业务。即使在规模较小的公司，新上任的高管也引人瞩目，不仅涉及对重要资源的掌控，他们的一言一行也传达重要信息。空降高管上任初期几个月的成败将对企业的长远未来产生重大影响。

因为这项举措利害攸关，所以，优秀的企业往往会为空降高管投入大量资源。我的一位同事在一家大型创新技术公司担任人力资源主管时，便参与了这样的项目。一位高层员工入职后，她与她的上司、新高管的上司一起制订了整合计划。她的工作重点是成为部门的"眼睛和耳朵"。在与新高管的每周例会中，她会过滤新高管的直属员工和同事反馈的信息，包括他们不想直接与新高管分享的想法，然后她再将其高效地传递给新高管。她得到的反馈五花八门。有时，新高管的直属员工和同事会详细分享很多关于沟通策略或领导力方面的建议；而有时，只是简单的评论，诸如"希望他有时间能跟我聊聊我的孩子"。

这样的高层入职流程呈现了理想的高弹性法则的特点：定期举行会议、采取实际行动、再进行复盘。企业采用高弹性法则能够将这些会议转化为识别弹性目标的机会，探索围绕实现目标能采用哪些新尝试，就取得的进展和问题进行反馈。确实，这种资源密集的方式只适用于高层，有专门的人力资源专业人员进行一对一的指导。它的精髓在于利用新员工入职期间普遍的经历，将之转化为提高领导力和个人效率的机会。

融入有文化差异的团队

有的人目前生活和工作中所处的文化环境与自身背景迥异，需要别人鼓励他关注学习和成长。这样的经历极具挑战，需要人们提高沟通能力、协作能力和领导力，去面对完全不同的人际交往与文化隔阂。因此，众多跨国企业开发了一系列方法来帮助管理团队筹备国际业务，这是普遍的现象。这些方法包括：

- 短期模拟，团队成员通过角色扮演和试错练习培养某种技能；
- 行动学习，团队成员练习情境分析，尽可能提高个人效率和技能；
- 志愿服务，领导者参与在国外进行的服务项目，以此培养全球思维并加深理解文化的多样性。

高弹性法则能够增强这些方法的效果。我在密歇根州立大学的同事凯文·汤普森（Kevin Thompsen）向 IBM 的高管提出了"服务部队"的想法：派高管到世界各地进行为期四周的帮助偏远社区的服务工作，类似维和部队的做法。当汤普森第一次提出这个想法时，他说他"被笑声赶出了房间"。但随后，IBM 的 CEO 萨姆·帕米萨诺（Sam Palmisano）将培养更多具有全球思维的高管作为战略优先事项，派驻高管团队到国外进行服务工作的想法随之变得有意义。不久，IBM 开展了这项计划并持续至今。通过"服务部队"项目，IBM 高管更广泛地了解了世界，克服了狭隘的思维方式。他们还有机会在跨文化团体中密切合作，解决团队发展和冲突等问题。

可口可乐公司的唐纳德·基奥领导力学院虽然不提供志愿服务，但也通过类似的方式帮助高管提升全球思维能力。可口可乐公司的高层用 6 周时间深度参与公司在世界各地的业务，开发新技能，深入了解自身的优势和劣势，并与分享经验的同行建立长久的联系。

IBM 的"服务部队"计划和可口可乐公司的唐纳德·基奥领导力学院都是拓展管理者全球视野的有效方法。如果在这个过程中引入高弹性法则，参与者将更快地提升学习效果。引入学习心态并帮助他们设定弹性目标，比如在志愿工作时设立提高个人影响力或成为更好的倾听者等目标。如果他们作为彼此的责任合作人，提供反馈并共同复盘所吸取的经验教训，那么他们将建立更深层的连接并能促进相互学习和成长。

根据我帮助他人提升领导力的经验，许多管理者渴望与他人在工作中建立更深层的连接，也希望能进一步学习和成长。**通过多元文化培养项目与高弹性法则，不仅可以提升个人技能，还可以促进心态的转变，使自我发展成为首要任务。**

人力资源部门是高弹性落地的关键

人力资源部门可以发挥的另一个关键作用便是创建支持高弹性法则的工具。

莉嘉·金尼尔（Leigha kinnear）是一位资深的学习设计专家，曾在多个组织任职，她对于帮助人们了解如何学习一直深感沮丧。她清楚能使数百万人受益的核心能力是从经历中学习并由此提高个人效率，但她发现将这种技能传授给他人很难。"我很清楚如何传授提高领导力的各种技巧，但对于如何教会大家自我学习摸不着头脑。"金尼尔多年来一直在努力应对这个挑战。

金尼尔了解高弹性法则后，认为自己终于找到了能帮她克服这一困难的方法。一名客户需要围绕人才发展开发一套工具包，他正好对高弹性法则非常熟悉。他聘请金尼尔为高弹性法则的每项功能设计学习工具包，并开发了一份指南，帮助管理者运用高弹性法则指导团队。金尼尔开发的工作包中有练习手册、指导视频和文章、学习活动、尝试新建议等。

金尼尔的经历为人力资源部门如何帮助员工采用高弹性法则来提高个人成长和发展提供了一条思路。人力资源部门可以为组织内部提供学习工具，确保高弹性法则成为每位员工日常工作的一部分。

其实，人力资源部门可以围绕高弹性法则中的策略发布一些能力清单，如"10个提高领导效率的方法"，帮助管理者不断提高自己的能力。由人力资源专员设计或定制的能力清单可以是完整的高弹性法则，也可以是其中的某个方面，比如，发展以学习为导向的文化、识别和确定弹性目标、设计新实验、寻求反馈或反思。

在新员工入职培训计划、年度审查和评估流程以及其他传统人力资源职能中，也可以体现这些内容。这么做的结果是每个员工都将得到组织的支持，能够重点关注个人持续的成长与发展。

桑格领导力之旅

高弹性法则带来的价值可观的培训与支持，同样能够在非营利组织中应用。非营利组织、社区团体、大学和许多其他类型的组织都能自行开发和推出高弹性成长计划或工具，帮助成员促进个人成长。

我所任教的斯蒂芬·M.罗斯商学院正在这么做。该学院的桑格领导力中心以研究和实践"帮助领导者的加速发展"著称，并将研究成果广泛传播。桑格领导力中心的成员面临着与普通组织同样的问题：当人们忙于完成课程、找工作、策划兴趣俱乐部活动等日常事务时，如何让他们发展自身的领导力？

他们发明了一个聪明的办法，称之为"桑格领导力之旅"计划。这项计划鼓励并帮助学生们在MBA就读期间，充分利用经历来推进自己的领导力之旅：不仅帮助他们掌握相关概念和分析工具，更重要的是让他们发展出自己的领导力。桑格领导力之旅中有5个步骤，包含了高弹性法则大部分核心思想和实践方法，包括目标设定、实验和反思。

桑格领导力中心的成员还开发了上文提到的支持计划来帮助学生开展个人领导力学习之旅，包括：一本说明书，书中有供学生记录反思和评估的空白栏；含丰富实例的领导者行为百科全书，学生可以在书中寻找经典的领导者行为，同时将之作为实验进行尝试；贯穿全年的学习合伙人小组，等等。

各类组织的人力资源部门和高层领导者都可以学习这种方法，帮助员工开启他们的领导力之旅，从而让自己成为更有效的领导者。

点对点高弹性成长计划

当时机成熟时，人力资源部门可以顺水推舟地推行高弹性法则，而不需要亲自指导。下面这个故事就是一个例子。

汤米·维德拉从我的网站上了解到高弹性法则后，请求与我见面详细交流。他觉得这是一个完美的工具，能够帮助项目参与者制订自己的个人发展计划。然而，当维德拉首次向项目团队实习生提出高弹性法则的理念时，即使他活力四射也无法调动现场气氛。他的同事或报以茫然的目光，或翻白眼表示不屑。

当他推动大家去设定个人发展目标并分享为实现目标会做哪些努力时，他们随便说几个目标，漫不经心地讨论了几分钟，只是为了应付维德拉。他回忆道："我觉得整场会议让我非常不舒服。"会议很快不欢而散。

阿斯娅·凯佩斯（Asja kepeš）是维德拉在财会能力发展项目的一位同事。与其他人一样，她听说高弹性法则后感到焦虑。"在项目初期，我不太想与小组中的同龄人分享我希望改进的方面。"凯佩斯是项目中唯一的女性，但性别优势没有让她接受高弹性法则。她说："作为一名

235

金融界的女性，我得不断证明自己。我接受不了自己在男性同行面前显得脆弱。"维德拉的提议让她觉得是"被迫展现脆弱"，这让她非常不舒服。

然而，凯佩斯并没有简单地将维德拉的建议视为浪费时间，而是与他分享了自己的顾虑。维德拉请求她帮忙创造更有利于分享个人脆弱一面的氛围。他们一起撰写了 PPT 文稿，以指导项目参与者在当前环境中构建高弹性法则。他们还一起设计了高弹性成长计划，为项目参与者提供有效的发展空间。该计划每季度开展一次，实习生在每季度设定一个个人发展目标，采取行动并在季度末寻求反馈、进行复盘和反思。

他们还重新设计了从经历中学习的过程，以符合项目参与者的需求和特质，有利于安全的、深入的对话，同时向参与者保证可以自由选择自己愿意披露的脆弱程度。他们甚至自己独创了词，使高弹性法则的理念符合参与者的"财务大脑"。"实验"被命名为"战术"，设定目标的季度小组会议被称为"方法会"。他们还在流程中加入了一对一的反馈工具，将参与者与合作伙伴配对，在整个季度实施问责制并提供支持。合作伙伴可以随心所欲地交谈，但他们至少得举行两次"深潜"会议，一次会议在季度中期举行，另一次会议则在放季度末，即在下一季度举行"方法会"之前。

凯佩斯和维德拉向团队重新介绍了新理念，团队成员认为试试无妨，便都同意了。结果令人欣慰。所有成员都参加了季度末"方法会"，分享了下一个周期的目标。个人的目标多种多样，从"提高演讲技巧""学会更简洁地描述想法"到"掌握编程语言 VBA""请 5 个人吃午饭"。在"开方法会"期间，参与者发现了聆听彼此经历的价值。例如，有些人发现其他人追求的是他们已经具备的能力,这为设计下一季度的实验提供了可借鉴的实例。

凯佩斯和维德拉又惊讶又自豪。他们明显感受到房间里充满了正能量:讨论的声音越来越大,团队成员边互相交流边狂热地做笔记。会议持续了很长时间,大多数与会者都因感到自己被赋能而神采奕奕。

财会能力发展项目在这项三年计划里的第一年就运用了高弹性法则,参与者都反馈说这么做能够更了解自己和个人发展。他们还建立了更强烈的集体意识,这有助于抱负远大的他们时刻关注个人目标的实现。凯佩斯说:"我们通常为自己设定宏大的目标,但如果无法专注于实现它们,就可能会忘却这些目标。高弹性法则帮助我们整合了这些目标,使我们能够在日常生活中不断实现它们。"

亚历克斯是一名经理,毕业于密歇根州立大学,他指导了当年这个项目的参与者。随着时间的推移,他发现了一些变化。学员们的眼睛更有神采了,饱含希冀。他们在工作上更积极了,对自己的发展胸有成竹,甚至提供反馈的能力也有所提高。

亚历克斯决定亲自尝试从经历中学习。他说:"我发现仅设定好战略方向这一点,就有利于我实现更多目标。"他还提道:"设定一个实现目标的框架,并将其纳入日常生活中,而不是每半年或每季度才回顾一次,这样更容易实现你的目标。"

由凯佩斯和维德拉创建的这个高弹性成长计划在很大程度上依赖于点对点的指导,而不是经验丰富、有资质的教练的帮助。专业教练经常对这种方法持怀疑态度。确实,它不能替代训练有素的教练的一对一辅导,但项目计划证明了员工之间的互动可以产生巨大的能量,让大家确定方向,彼此鼓励发展。

在组织内部,人力资源部门可以支持和指导员工进行相互驱动的高弹性成长计划。他们可以鼓励组织中的某类人采取这些计划;以线上或线下的方式提供关于教练技能的资源,比如,认真倾听、创造安全空间和提供反馈;提供关于主题和活动的建议;让高弹性成长小组与其他人分享成功经验或讲述如何面对挑战的故事。

奇普·希思(Chip Heath)和丹·希思(Dan Heath)两兄弟撰写了畅销书《转变:当改变困难时如何改变》(*Swith: How to Change Things When Change Is Hard*)。他们认为,试图通过集权式的计划和组织来实现变革可能是错误的。相反,要寻找积极的一面,找到变化已经发生的地方,然后投入支持和提供帮助,催生进一步变化。

维德拉和凯佩斯就是其中的两个亮点。也许人力资源部门能做的最好的事情之一,就是识别组织中的这些亮点并帮助他们成长。

人力资源部门有时被称为员工成长的绊脚石,因其某些做法阻碍了以经历为基础的个性化的领导力发展与个人效率的提升。**我们处于一个员工发展愈来愈个人化、以个人意愿为出发点的世界,如果人力资源部门希望与时俱进,就需要弄清楚如何以合适的、最好的方式促进和支持员工的努力。**

毕竟,在个人学习、领导力发展以及在组织层面促进这些成长的回报是巨大的。我们将在下一章讨论相关的挑战。

THE POWER OF FLEXING

**高弹性
行动指南**

1. 新员工入职培训计划的更好安排：首先，让他们了解学习心态、弹性目标；其次，举例说明他们可以在第一次工作轮岗期间尝试的几个弹性实验。

2. 将同一批转型的员工组成一个工作组，让他们更深入地了解如何成为一个好的领导者、如何尽快适应新职位以及每个人所面临的挑战，这可以帮助员工更顺畅地度过职业转型期。

3. 新高管入职的理想流程：定期举行会议、采取实际行动、进行复盘。

4. 企业采用高弹性法则能够在定期举行的会议中识别弹性目标，探索围绕实现目标能采用哪些新实验，就取得的进展和问题进行反馈。

5. 通过多元文化培养项目结合高弹性法则，不仅可以提升个人技能，还可以促进心态的转变，使自我发展成为首要任务。

6. 人力资源部门可以为组织内部提供学习工具，比如能力清单，确保高弹性法则成为每位员工日常工作的一部分。

THE POWER OF FLEXING

How to Use Small Daily Experiments
to Create Big Life-Changing Growth

第 11 章

以高弹性建立学习型组织

学会学习是一种永不会磨损、过时或耗尽的企业资产。

THE POWER OF FLEXING

第 11 章 以高弹性建立学习型组织

将现有的组织文化转变为以成长为核心的文化,将是对企业文化的一个巨大挑战。组织往往注重成果,对错误零容忍,并要求每个人不要将自己的不安全感、犹豫茫然的心态和不良情绪带到组织中。在这样的氛围中,互相指责与推诿的行为日益普遍,很少有人能获得真正的个人成长。这对于在日益复杂和动态变化的世界中求生存的组织来说,是一个大问题。而更糟的是,这样的组织环境会培养过度控制甚至滥用职权的高层,他们通过归罪他人、贬低他人来获得优越感。渐渐地,组织文化会演变成以取悦高层为重心,而不注重推动非凡的成就和可持续发展。当所有人都担心被批评时,勇气和创新精神就没有了立足之地,学习与成长的可能性也变得渺茫。

一旦你所在的组织文化陷入这样的泥潭,无论你的初心多么美好、战略多么精妙,你都很难摆脱负面的影响。幸而,无论哪种类型或规模的组织都可以采取一定的措施,在部门和团队中引入高弹性法则。将高弹性与在高弹性中培养的学习心态融入组织核心文化中，可以帮助公司或非营利组织转变为学习型组织，在这样的组织中，每个员工与组织都能不断成长。成为真正的学习型组织有以下几个必要举措：

- 系统地通过文件与行动建立"技能可以通过学习获得"这种认知，并加以强调。而非假设有人的才能与生俱来，有人天生就缺失。
- 高管始终如一地重视并奖励学习精神与韧性，而不是奖励天赋型人才或现有人才，并制定将这些态度和文化落地的具体政策与流程管理。
- 建立一种鼓励学习的反馈机制，重现将要取得的成就，而非失败、追责和惩罚错误。
- 将高管视为学习的源泉，而不是只会做纪律管理和揭短的监工。

建立学习型组织需要很多要素。因为它为每个员工提供了持续性学习和个人发展的模板，你在本书中学习到的高弹性法则有助于建立一种将创新与开放常态化的文化环境。

具体怎么做呢？让我们先来看看某家大公司是如何就员工个人成长问题整改内部文化的。

创造鼓励学习的环境

微软是世界上最大的科技公司之一。像众多成功企业一样，随着时间的流逝，微软逐渐变成一家庞大、复杂、官僚主义盛行和自满情绪充斥的僵化的组织。但现在，微软发生了变化。

微软的新任 CEO 萨提亚·纳德拉（Satya Nadella）在 2014 年接棒前 CEO 史蒂夫·鲍尔默（Steve Ballmer），克服重重困难，成功地将微软文化重新聚焦于学习和成长。2020 年，微软再次吸引了全球顶尖工程人才，它正在引领全球最激动人心的一系列技术创新，微软的增长率和盈利能力已扭转 2019 年不断下滑的颓势。

我从多个渠道了解了微软转变为学习型组织的转型经历，包括新闻报道、对公司高层的采访、伦敦商学院关于新任 CEO 领导力的精彩案例和纳德拉出版的书《刷新》（*Hit Refresh*）。我也从与密歇根州立大学 2020 届 MBA 毕业生查理·马歇尔（Charley Marshall）的对话中了解到很多。

马歇尔是一位有趣且不同寻常的 MBA 学生。他长大后打算成为一名牧师，在读大学时主修神学和哲学，但很快，他发现自己对商业世界产生了兴趣。毕业时，他参与了 3 家初创公司，这让他迅速学习到了商业知识。他在厄瓜多尔担任过和平部队志愿者，后来还去密歇根州立大学攻读了双学位，并获得了 MBA 和 MSC（可持续发展硕士学位）。

你可能已经发现了，马歇尔热衷于学习。2019 年夏天，他在微软工作，我很高兴能听到他在那儿的亲身经历。有句老话："鱼是最后发现水的。"这句话的涵义是，我们在某个组织中工作时，无时无刻不浸润在周围的文化和环境中，以至于忽视了文化和环境的存在。

马歇尔作为微软的新员工，是一个能够清晰观察到微软文化变化的完美人选。以下的观察很大程度上归功于马歇尔。

从"无所不知"到"无所不学"

出生于印度的纳德拉曾担任软件工程师,后来接任微软历史上第三位 CEO,但当时的微软正陷入困境。很多颇具才华的微软人都跳槽到谷歌和苹果等更具有活力的公司。虽然微软的收入和利润仍可观,但已经停止了以前的快速增长,而且随着外界观察到公司创新乏力,股价开始下跌。作为一个曾经举足轻重的高科技公司,微软陷入前所未有的困境与低谷。

纳德拉非常担心。他感知到高科技行业正在迎来一波巨大的浪潮,但微软以恐惧失败为导向的组织文化使其难以适应即将到来的变化。这种文化让员工专注于内部斗争,大家的精力都放在如何证明自己的优秀、展示自己学识渊博而不是去尝试新方向、打肿脸充胖子而不是虚心求教。结果可想而知,微软基本停止了创新。

纳德拉清楚这些问题,但他不知道如何着手解决。正如第 6 章分享过反思经验的科技企业家希希尔·麦罗特拉提出的建议,纳德拉在倾听和学习模式中度过了上任后的第一年。纳德拉从员工那儿得知,他们同样对公司以恐惧失败为导向的文化深感不满。软件工程师跟他说,他们希望微软可以再次"酷"起来,再次成为业界的引领者而非跟随者。他们希望为一家有使命、有愿景的公司工作。这些雄心壮志、对成长的渴望仍存于微软员工的心中,但被以恐惧失败为导向的文化掩盖了。他们需要得到鼓励和支持。

纳德拉意识到,他的首要目标是向每一位微软员工传达学习心态,帮助大家意识到对创新的冲动、对成长的渴望存在于每个人心中。彼得·赫斯林(Peter Heslin)是研究如何将学习心态应用于组织的最杰出的学者，也得出了同样的结论。赫斯林说："为了建立以成长意识为核心的组织文化，组织需要采取有效举措，让员工知道核心能力是可以通过学习获得的，组织同时要重视学习、坚持和努力。"纳德拉也将此视为第一要务，为自己设定目标：将微软文化从"无所不知"转变为"无所不学"。

但如此重大的变革并非易事。与许多组织一样，微软流行天才文化，而非成长文化。微软的管理者认为自己的首要任务是聘用最优秀的员工，然后用绩效评估和晋升系统淘汰任何不满足评判标准的员工。最后每个人都把精力和时间花在证明自己符合天才员工的要求上，并极力避免任何可能导致失败的行为。

鲍勃·基根（Bob kegan）和莉萨·莱希（Lisa Lahes）这两位学者生动地描述了这种文化的负面影响：在大部分组织中，几乎所有人都"免费打着第二份工"，掩盖自己的弱点、打肿脸充胖子、管理自己在其他人心中的印象。这种盛行的做法极大地浪费了组织资源。最要命的成本就是，组织和员工都无法充分发挥潜力。

曾备受推崇如今已倒闭的美国能源公司安然，在2001年因大规模系统性欺诈的丑闻曝光而倒闭，就是推崇天才文化导致悲剧的最极端的例子。贝萨妮·麦克莱恩（Bethany Mclean）和彼得·埃尔金德（Peter Elkind）在关于安然事件的权威著作中描述道：这是一家将"纯脑力"置于最重要地位的公司，他们的首要任务就是在招聘和升职过程中优中选优，选最聪明的人。这句话准确抓住了天才文化的精髓。

越来越多的研究明确指出了天才文化在组织运营中收效甚微。一些研究人员发现，相比以天才文化为基础的组织，成长型的组织员工对工作展示了更多热情，更致力于提高工作成效。而以天才文化为核心的组织表现出欠缺协作精神、不愿承担风险、创新停滞、无视商业诚信与道德。正是最后这一品质的缺失导致安然轰然倒下。

可以想象，以天才文化为主导的组织并不提倡学习精神。它们无法创造出鼓励员工学习、进步的心理舒适区。员工也无法用学习心态参与各项工作，时时处于战斗状态，竭力追求工作目标的完成，觉得反思等行为纯属浪费时间，进而忽视了个人成长和发展的需要。总之，在天才文化主导的组织中推行高弹性法则几乎行不通。

THE POWER OF FLEXING
高弹性小贴士

评估学习型组织的 6 个问题

　　一个组织的文化及信念、价值观和普遍的假设往往是潜移默化、难以察觉的，尤其是对于局中人来说。别忘了"鱼是最后发现水的"。你所在的组织是否具有学习型组织的特征？下列问题可以帮你评估一下，如果你回答的"是"越多，你就离学习型组织越远。

1. 你所在的组织是否推崇个人英雄主义，只有少数明星员工被认为比别人有天赋？
2. 招聘的决策是否基于候选人的认知能力或对技术、营销、销售、人员管理、领导力等领域的天赋，而不是基于成长潜力？
3. 个人或部门之所以被表彰，如表扬、给予奖励或奖金，是不是因为组织关注的重点是可量化的指标而非努力和投入程度？
4. 当员工遇到失误或失败时，组织是会调查、确定责任方，并让责任方受到羞辱、嘲笑及遭到解雇、降级或其他惩罚，还是会帮助责任方从错误中学习并吸取教训？
5. 员工是否努力掩盖自己的错误，美化项目结果，让其看起来更成功，或向同事吹嘘自己的工作绩效？
6. 如果员工在失败后改善了工作表现，但早期绩效评估是否仍保持原来的结论，成为永不消失的耻辱？

自上而下的坦诚沟通是推动文化变革的第一步

纳德拉不遗余力地推动他的文化变革计划。说服12.5万名微软人接纳一种新思维与行为方式是一项艰巨的任务，但纳德拉对此充满信心和激情。

这次文化变革的工具之一是自上而下的坦诚沟通。他开始不断演讲，说明终身学习的重要性。他勾勒出微软的全新愿景：为各行各业的人们提供技术工具，让世界变得更美好。这一理想引起许多员工的共鸣。他还敦促各级经理花更多时间倾听客户意见，而不是认为自己比用户还了解他们的需求。

渐渐地，微软员工开始觉得纳德拉言之有理，还有一部分人开始了实践。一位客户经理决定与警察上街巡逻一周，去了解微软的远程数据访问工具如何让警察更顺利地完成日常工作。另一位经理花了两天时间与医护人员待在一起，来了解无纸化信息流如何才能更好地辅助他们的工作，让更多人获得更便捷的医疗服务。

这样的故事在公司传扬开来，其他员工开始意识到这位新CEO确实要将公司转变为学习型组织，也就慢慢地开始向新文化靠拢。

纳德拉还以身作则，言行一致，展现并支持对持续的学习文化的打造。他很清楚，组织高层的任何行为都会对组织文化产生巨大影响。即使看似微不足道的言行，也是明显的信号，暗示着什么重要、什么不重要，在细微处重塑着组织中每个人的观念与态度。

基于这些敏锐的认知，纳德拉采取措施，向全公司清晰无误地指出要将微软塑造为学习型组织。他在给所有员工的第一封信中，表达了他对持续学习的承诺，并通过任命首批高管来强化自己的决定。例如，吉尔·特蕾西·尼科尔斯（Jill Tracie Nichols）被任命为首席顾问，因为纳德拉了解到她与人合作的方式。纳德拉说，"我希望办公场所中展现的是我们正在努力创造的文化"，而尼科尔斯的工作方式正好符合他的希望。

纳德拉采取的最具戏剧性的行动，可能是在上任初期犯下的一次愚蠢但坦率的错误。在一次年度表彰女性计算机从业者的活动中，纳德拉被问到如何解决科技公司中男女同工不同酬的困境。他当时建议女性不要直截了当地说出自己的需求和要求，这让大家大跌眼镜。他接着说："不要去要求加薪，而是深信不疑你的公司一定会给你应得的薪酬。这可能是最原始的一种超能力，更直接地说，不主动要求加薪的女性拥有这项超能力。这是很强大的力量，你最终会得到想要的回应。"

纳德拉的言论犹如一石激起千层浪。他很快意识到这次失误的严重性，但他并没有回避或试图狡辩，而是在同一天公开道歉。"我的回答完全是错误的。我全心全意地支持微软和业界关于同工同酬的呼吁，让更多女性加入高科技行业并缩小薪酬差距，"他补充道，"如果你认为你值得加薪，就直接提。"

此外，纳德拉还在一周内向全体员工发送了一份备忘录，再次为自己的失态道歉，称他低估了存在的偏见和歧视很可能阻碍女性去争取应得的利益，不管是有意识的还是无意识的。他接着提出了一项三管齐下的计划，从上至下地化解自己言论中体现的普遍存在的偏见，包括同工同酬、多元化的招聘，以及加强关于包容性文化建设的员工培训等。纳德拉还参与了小规模的活动，以表明自己的态度。微软每年有两万名新员工入职，一位负责新员工入职的年轻女管理者认为，向新员工传授微软文化的讲授者阵容中应该包括最具代表性的CEO，她勇敢地给纳德拉发了邮件。结果，纳德拉立刻回复："这确实很重要，让我们按你的计划进行吧。"这太令她惊讶了。

通过大大小小的行动，纳德拉为所有微软员工树立了榜样。即使过程令人有些尴尬或难受，但最终，他通过行动和获得的反馈，实现了持续地学习、改变和成长。

让组织系统匹配文化变革

组织高层的一言一行固然重要，但仅此无法产生真正普遍且持久的组织文化变革。为实现这一目标，需要将文化变革制度化，改变组织的流程、程序、政策和规则，长期支持组织所寻求创建的新文化。

纳德拉对此深有同感，通过修改人力资源政策来推动微软朝着学习型组织的方向前进。研究员本杰明·施耐德（Benjamin Schneider）指出，当新人加入而旧人离开公司时，组织文化会开始发生变化。随着纳德拉的学习心态在微软传播开来，人才引进、选拔和退出的机制开始朝着新的方向加速运行。微软树立起新价值观，致力于通过技术和文化创造一个更公平的世界。因此，微软开始引进查理·马歇尔等人才。马歇尔告诉我："微软试图创造的世界就是我想要创造的世界。加入微软就像仍在大学校园学习。"这样的评价有力地证明纳德拉的文化变革计划正在扎根。无独有偶，马歇尔的想法就如 Argenx 的 CEO 蒂姆·范·豪沃梅伦（Tim Van Hauwermeiren）在比利时弗莱里克商学院毕业典礼上发表的演讲："比起工资涨幅，请更关注你的知识涨幅！"

纳德拉还采取措施打破传统的绩效评估和晋升系统，这通常是所有组织中最强大的文化杠杆之一。有安然的前车之鉴，安然领导者认为金钱和恐惧才是激励人们的因素。他们要求管理者对员工进行评分，1～5分不等，不管实际的工作绩效如何，至少要有 15% 的员工获得最低分。这 15% 的员工需要在两周内离职。这种无情的系统被称为"评分和滚蛋"。你可以想象这样的过程会如何塑造组织文化和员工行为。

微软以前采用的是类似的绩效评估系统，对员工进行评分，从"顶级"到"差"不等，并明确要求每个档位要有 10% 的人。这是一个精确设计的、将员工锁定在绩效心态的做法，同时扼杀了员工之间的合作意愿。纳德拉推翻了这个强制排名、年度审查、绩效目标审查的系统，以各级管理者掌握更多主动权的体系取而代之，强调了各级管理者对直属员工的直接辅导和持续的反馈。

马歇尔告诉我很多关于微软的内部消息。他非常认同微软的新绩效评估系统。他认为这种做法向所有员工清晰地表明，人们信任自己的能力和潜力，每个人都能得到直属上司提供的高质量的反馈。马歇尔尤其推荐在暑期实习期间接受的几次"脉搏检查",正式员工则每季度接受一次检查。在马歇尔接受最后一次"脉搏检查"的 9 个月后,他在与我交谈时,仍然记得检查中的 5 个问题:

1. 你目前正在做的项目是什么?
2. 你在这些项目上取得了哪些进展?
3. 你如何从微软的项目或他人成功的案例中,吸取经验教训?
4. 你如何在工作中体现多样性和包容性?
5. 你如何在工作中体现成长心态?

马歇尔指出,第 3 个问题生动体现了微软文化的变化。他说:"在 2008 年的微软,员工都没有任何动力从他人的成功项目中吸取任何经验教训。"如今,各级管理者要定期提出这些问题,微软的文化由此进一步走向持续学习、开放心态和成长至上的道路。

在纳德拉的领导下,微软采取了更多措施来实现计划中的文化变革。微软组织了促进和鼓励跨部门合作的活动,例如,举行为期一周的夏季"黑客马拉松"活动,邀请员工组成临时小组,研究并提出各种问题的方案。微软还为员工提供志愿参与项目的机会,为跨部门同事之间的相识与合作提供了便利。

为了更好地观察和激励团队协作,微软开发了 Teams 工具,利用这个工具告知员工,公司已了解他们是如何合作的或者是否适度协作。这个工具每周发送的报告会体现员工在上班时间和下班后花在电子邮件上的时间,他们与谁相处的时间最长,以及其他一些团队社交的模式。

微软还开始为员工提供丰富的学习机会。马歇尔说,公司提供了超级多的参与特殊项目学习的机会，有些项目时间甚至重叠了。微软不仅提供多样的项目，还鼓励员工好好利用这些学习机会，其他公司则多多少少会流露出对员工参与非主业项目的不满。

4个方法确保管理者与组织文化对齐

诚然，CEO的行为与反应会引起最广泛的关注，但员工的行为受身边环境的影响更大。也就是说，能够对大多数员工的心态和行为产生最大影响的往往是他们的直属上司。

我在辅导高管客户的过程中，遇到他们抱怨组织绩效文化时，总是提醒他们要意识到：当身居高位后，你除了受组织文化的影响，还成为塑造组织文化的一员，尤其对于你的直属员工和同事来说。你想成为一个什么样的领导者？你将如何为向你汇报、依赖你的同事，创造一个能支持他们成长与发展的文化，并帮助他们更有效地识别事务优先级的信号。如果管理者的言行、规劝、奖惩等做法与组织价值观高度一致，那么组织建设期望的结果就能实现，但如果管理者的行为方式与组织价值观不一致，下属就会忽视组织倡导的价值观。

心理学家菲奥娜·李（Fiona Lee）和同事研究了直属上司传递信息的方式是如何影响下属尝试新事物的意愿的。这显然是一个关于高弹性法则的问题。他们发现，直属上司发送了前后不一的信息后，会阻碍下属尝试新行为和培养创新精神。前后不一的破坏性影响甚至超过了持续的不鼓励的态度。前后不一的信息导致规则看起来不可预测和模棱两可，引发下属的焦虑和恐惧，让大家无所适从，不愿尝试新事物，而不是勇于承担相应的风险、敢于尝试。

第 11 章　以高弹性建立学习型组织

以下方法适用于任何组织机构来确保管理者的言行、领导方式能够支持组织不断学习和成长，而不是被视作障碍。

方法 1：鼓励管理者提问

提问会引导注意力和行动。摩根·麦考尔致力于研究新晋管理者如何在新工作岗位上实现成长。他每两周与新晋管理者进行一次谈话并重复提两个问题："从上一次谈话至今，你都做了什么""你从中学到了什么"。几次谈话过后，因为被访谈者已经知道每次都会被问到这两个问题，所以他们便有意识地关注自己的日常所学，并对自己能够实现的成长感到惊讶。

管理者需要明白，他们是直属员工的行为模范。麦考尔在一对一研究访谈中提问题的方式，就是帮助下属实现持续性学习与成长的一种方式。反复提同样的问题会促使下属在会谈前后形成思考这些问题的习惯，从而让自我成长逐渐成为每个人的优先事务。对于像马歇尔这样的年轻员工，他的直属上司也在定期的"脉搏检查"会谈上提出同样的问题，让他们非常清楚自我发展对每个微软人都非常重要。

方法 2：让双向反馈成为常态

马歇尔提到，在与直属上司的一对一会谈中，他经常收到关于自己的表现的反馈。更不寻常的是，直属上司还经常反问马歇尔她的表现如何。试想一下，如果所有管理者都采用这种做法，结果会如何。想象一下，如果一位管理者对同事和下属说："我目前正在努力成为一个更好的倾听者。你对我有什么建议吗？"对方会多么深受鼓励和激动。双向反馈让

255

大家都对自己的成长目标更加坦诚、透明，更愿意分享关于学习和成长的反馈。

方法3：始终设定个人发展目标

麦考尔还观察到大部分的发展问题都是注意力问题。当人们注重学习时，自然而然就会去学习。通过鼓励各级员工不断设定自己的发展目标，组织就能充分运用这一原则。员工不仅应在年度绩效回顾时设定个人发展目标，还应将之作为日常工作的有机组成部分。

管理者可以在例会或一对一谈话中讨论员工的个人发展目标，具体可参考微软在"脉搏检查"谈话中提及的5个问题。仅仅将人们的注意力转移到个人发展上这种做法，就能产生深远的影响。

方法4：培养管理者关注自己的说话方式

员工在日常工作中的常用语会体现他对成长和学习的不同态度。只注重成果的管理者通常会说"我们不能再容忍错误发生了""必须请最有才的人来解决这些问题""是时候承认差别了""承认吧，这是底线问题"。与之相比，欣赏成长心态的管理者的口头禅则是"我们需要思考发生错误的根本原因是什么""我们需要让员工去学习和成长""应该让团队团结起来""如果流程不对，我们就无法获得理想的结果"。

管理者可以通过培训来识别自己的语言模式，并反思向周围的人发出了什么样的信号。管理者有许多方式来鼓励自己的团队成员持续成长，而他们的日常语言习惯就是其中既简单又重要的工具之一。

第 11 章　以高弹性建立学习型组织

如何面对失败，管理者给员工最重要的一课

在第 3 章，我们探讨了对失败和可能导致失败的态度是尝试新做法的最大障碍之一。**事实证明，组织文化如何看待失败、失误或错误是创建学习型组织的关键因素。**

在天才文化中，当员工犯错误后，他们会把时间花在自责、隐瞒错误上，而不是从错误中吸取教训。这种模式的成本巨大。在无法辨认错误并从中吸取教训的组织文化中，员工会害怕尝试任何新事物，创新也会因此受阻。

相比之下，在以成长为核心的组织文化中，员工会从更积极、正面的视角看待失败或错误。虽然也有人担心这样会导致工作马虎和绩效低下，但有的领导者认为这一点很重要。

广受尊崇的设计公司 IDEO 创始人戴维·凯利（David Kelley）对此非常了解。据说他经常在公司走来走去，微笑着跟同事们说："多失败，早成功！"他这样做是想明确传达一个观点：为了成长，失误在所不惜。皮克斯电影工作室的联合创始人和多本关于创造力的畅销书作者埃德·卡特穆尔（Ed Catmull）曾这样说："失败不一定是魔鬼。事实上，失败根本不邪恶。这是尝试任何新事物的必经之路。"微软 CEO 萨提亚·纳德拉将一次在公共场合犯的尴尬的错误，转化成一次积极正面的学习经历。这不但对他个人而言，而且对于整个组织来说，都是一次学习的好机会。

科学研究也成为这些商界轶闻的有力注解。在一项研究中，受训者被告知"错误是学习的自然组成部分"或者"犯的错越多，学到的就越

多"，他们会由此更积极地面对错误，减少诸如沮丧、内疚、尴尬等情绪的出现。新的感受也改变了认知过程，他们变得更关注寻找错误的原因并尝试不同的解决方案。另一项有关项目失败的研究也得出了相似的结论，当失败被视为生活和工作日常的一部分，而不是洪水猛兽时，会获得丰硕的学习成果。

其他一些研究也表明，把犯错"正常化"会鼓励冒险精神、尝试新事物和鼓励学习。一项名为"爱因斯坦也难免挣扎"的研究，向美国九年级和十年级的学生展示了爱因斯坦、玛丽·居里和法拉第等杰出科学家的故事。研究者向一些学生展示了科学家在学术和个人生活中的挣扎，向另一些学生则展示了科学家的伟大发现。那些真实了解了科学家也有挣扎、也会犯错的学生在科学学习上取得了更大的进步。综上所述，在可以接受失败的文化中，每个人更能保持学习成长和尝试新事物的精神，因而这种文化是管理者最需要内化、践行并分享的重要价值观之一。这最终将以学习与成长为方向，不仅能成就个别员工，还能成就整个组织。

鲍勃·埃克特（Bob Eckert）是一名组织顾问，他所在的公司纽伊姆普罗文门特（New & Improvement）的主要目标是帮助组织变得更具创新精神。鲍勃和团队在 2015 年发表了一篇文章，他们针对管理者如何帮助团队成员从错误中发现价值提出了建议，当出现重大错误、失败或遇到困难时，可以召集团队，通过回答以下问题进行复盘：

- 哪些做法的效果好？
- 如果再做一次，你会采取哪些不同的做法？
- 你学到了什么或改变了哪些认知？
- 你将在以后运用从这次经历中总结的哪些知识？

时间不会倒流,你也不会退回原地,不会投鼠忌器、不再尝新,而是会以坚韧的精神坚持不懈地向前进。我认为这几个问题很有效。其中体现了一种真正的成长心态,充分利用生活中的每次经历,无论好坏,都能成为未来的基石。

当管理者不断地收集关于发生的问题、错误和失败或成功的反馈与信息时,他们会得到只有这样做才能发现的关键信息。其中可能包括暴露的问题,比如,新的客户偏好、隐藏的竞争对手或可能影响公司未来的新技术,这些都可能成为影响组织未来成功的重要信息。这些问题的暴露非常依赖文化和场景。在鼓励持续成长和学习的文化中,这些问题更易于为人所知;而在天才文化中,这些信息会受到压制进而引发更大的问题。在学习型组织中,个人被鼓励提出问题并积极修正所犯的错误,从而使个人与组织都能够从错误中吸取教训。

THE POWER OF FLEXING
高弹性小贴士

鼓励成长的领导者要做 6 件事

领导者是员工成长的榜样。要成为这样的榜样,请尝试以下做法:

1. 承认自己的局限性和犯过的错误;
2. 通过分享你的学习故事来塑造"习得性";
3. 关注下属的优势和贡献,让大家知道他们的贡献,多鼓励他们,他们的这些能力就会不断增强;
4. 将不确定性公开,开诚布公地告知大家你不确定未来会如何,同时表示如果团队共同面对,未来一定会更好;

5. 支持下属的成长，向他们明确表示犯错不可怕，只要肯学习；
6. 寻求反馈，表明你愿意接受下属对你领导力的看法。

研究表明，这些领导行为会促进下属追求成长、对工作更投入，尤其是在组织文化像微软那样关注成长的情况下，微软没有员工难以负荷的压力，行为的产生是完全自然真诚的。

实现文化变革是一段漫长的旅程，所以很难衡量成功与否。但从2020年的结果来看，纳德拉改变微软文化的努力已带来可观的回报。他让微软从一家无所不知的公司成为一家无所不学的公司。微软不再是高科技领域的"弱鸡"，在近两年，微软与苹果交替位居全球最有价值公司榜首。无论以哪种标准来看，这都是一个了不起的转变。

《福布斯》专栏作家兼企业文化分析师卡特琳娜·布尔加雷拉（Carterina Bulgarella）在2018年11月撰写了一篇专栏文章，就微软文化转变的过程分享了两个观点。当时的微软刚刚超越苹果登上企业价值排行榜的榜首。她指出，微软不仅建立了一种"积极的正确文化"，而且"专注于对其新战略至关重要的能力"。她还指出："新的文化资产为微软提供了一种'可再生能源'。如果微软不断学习如何学习，这种心态的价值将永不过时。"

还有更好地描述纳德拉对微软所做贡献的词语吗？正如布尔加雷拉提出的，学会学习是一种永不会磨损、永不会过时或耗尽的企业资产，它为组织提供了不断改造自身以应对任何新挑战的能力。

对于所有人来说，我们不仅为自己，还为所在的企业、公民组织、家庭和其他社区，以各自的方式努力着、学习着并成长着，还有什么比这更能鼓舞人心的呢？纳德拉原本是一位出生于印度、热爱板球的软件工程师，但他在照顾自己需要特殊关爱的儿子时唤起了强烈的同理心，还让微软这样的"巨无霸"公司重塑文化、重振雄风，这说明同样的改变也可能会发生在我们所关心的组织和群体中。

如果你努力将高弹性法则应用于个人生活和所在组织，这会多么让人欢欣鼓舞。

THE POWER OF FLEXING
高弹性行动指南

1. 建立学习型组织的必要举措有以下 4 点。第一，系统地通过文件与行动建立"技能可以通过学习获得"这种认知，并加以强调。第二，高管始终如一地重视并奖励学习精神与韧性，而不是奖励天赋型人才或现有人才，并制定将这些态度和文化落地的具体政策与流程管理。第三，建立一种鼓励学习的反馈机制，重视将要取得的成就，而非失败、追责和惩罚错误。第四，将高管视为学习的源泉，而不是只会做纪律管理和揭短的监工。
2. 面对重大失误时复盘的 4 个问题：哪些做法的效果好？如果再做一次，你会采取哪些不同的做法？你学到了什么或更新了哪些认知？你将在以后运用从这次经历中总结的哪些知识？

后 记

保持高弹性,让自己终身成长

  我认为,一个人最宝贵的品质就是在一生中不断地让自己成长、发展、改变和进步。大部分人理解的成长可能是围绕技能的成长,比如学编程、掌握一门新语言、组建一支乐队、掌握一门手艺或成为一名诗人,但我所指的成长不仅限于此。我无比希望这本书能激励你在忙碌的生活中找到个人成长的空间。个人成长与发展将让你成为一个更有影响力的领导者,与同行者建立更有意义的关系,最终,为我们所处的复杂而充满挑战的世界带来更积极的变化。个人成长不仅与自己有关,还会积极地影响他人,比如通过倾听他人和鼓励他人表达自己,激励他人采取更明智的行动计划,在发生冲突时帮助调和分歧。这样,你便能够为身边的人带来一系列积极的变化。

我在本书中反复强调了这一点：我们要从各种经历中汲取学习的价值，这样才能实现个人成长。著名的领导力大师约翰·马克斯韦尔有句名言："变化不可避免，成长却是可选择的。"美好的生活容易让我们迷失。当你自以为知道生活中所有问题的答案时，人生很可能陡然发生改变，将你推向不安的旋涡、破坏了看似完美的计划，比如，公司决定将你调往海外，一场突如其来的疾病或死亡让整个家庭笼罩在阴影中，行业变化让目前掌握的技术跟不上需求，出乎意料的升职要求你具备想不到的能力。你突然发现自己被全新的经历裹挟，不知所措、压力巨大。

如何应对完全取决于你。我希望你会选择将它当作学习和成长的机会。这么做需要勇气、力量和决心。这时，如果你拥有一个可执行的计划和一个可依赖的法则，你会得到很大的帮助，高弹性法则就是这个可依赖的法则。

当然，学习和成长不仅在我们面临重大挑战与发生创伤时才有价值，即使在工作平稳、生活有序时，我们也应当致力于自我成长。就像锻炼身体一样，精神和情感层面的锻炼同样能够增强你的力量、灵活性、敏捷性和适应性。这些品质是如此珍贵，值得你为此投入更多的时间和精力。阿里·韦茨韦格说："人们总说没时间锻炼身体，但坚持锻炼的人总能找到时间。他们因锻炼，身体更健康，也能做得更多。学习也是一样的，只是锻炼的是大脑。就算学习不会让你完美，但就像锻炼身体一样，学习也是对心智的一种锻炼，它会让你感到兴奋、充满活力，并想要将所学付诸行动。我每周工作八九十个小时，但也不耽误我保持读书的习惯。"

成功的人会持续不断地将学习和成长融入日常生活。高弹性法则也让此成为可能。

高弹性法则还有助于我们应对成长中的另一项挑战,那就是化脆弱为力量,实现真正的成长。诗人戴维·怀特(David Whyte)深入地阐述了这一点,他对当下喧嚣浮躁的文化有最深刻的洞察:"速度已成为我们的核心竞争力。一旦停止当下的忙碌,我们对自己还能剩下什么能力一无所知。此外,还有一种更深层次、更古老的人类直觉不断提醒我们,任何真正的进步都来自痛苦和脆弱。我们之所以被忙碌包围,是为了逃离痛苦和脆弱。"

生而为人,我们必须深入探索自己是谁,承担改变所伴随的风险,并认真思索内心中觉得还不够完美的地方。如果我们遵从高弹性法则,就可以培养学习心态,以好奇心和探索精神轻松自如地应对挑战、完成痛苦的任务。

帮助人们成为更好的自己,是点亮我人生的使命,不管人们如何定义更好。我最大的希望就是通过这本书,告诉你一些关于成长的路径和方法,让你无论面对生命中的何种挑战,都能在这条成长之路上走下去。

衷心祝愿:成长快乐!

未来，属于终身学习者

我们正在亲历前所未有的变革——互联网改变了信息传递的方式，指数级技术快速发展并颠覆商业世界，人工智能正在侵占越来越多的人类领地。

面对这些变化，我们需要问自己：未来需要什么样的人才？

答案是，成为终身学习者。终身学习意味着永不停歇地追求全面的知识结构、强大的逻辑思考能力和敏锐的感知力。这是一种能够在不断变化中随时重建、更新认知体系的能力。阅读，无疑是帮助我们提高这种能力的最佳途径。

在充满不确定性的时代，答案并不总是简单地出现在书本之中。"读万卷书"不仅要亲自阅读、广泛阅读，也需要我们深入探索好书的内部世界，让知识不再局限于书本之中。

湛庐阅读 App: 与最聪明的人共同进化

我们现在推出全新的湛庐阅读 App，它将成为您在书本之外，践行终身学习的场所。

- 不用考虑"读什么"。这里汇集了湛庐所有纸质书、电子书、有声书和各种阅读服务。
- 可以学习"怎么读"。我们提供包括课程、精读班和讲书在内的全方位阅读解决方案。
- 谁来领读？您能最先了解到作者、译者、专家等大咖的前沿洞见，他们是高质量思想的源泉。
- 与谁共读？您将加入优秀的读者和终身学习者的行列，他们对阅读和学习具有持久的热情和源源不断的动力。

在湛庐阅读 App 首页，编辑为您精选了经典书目和优质音视频内容，每天早、中、晚更新，满足您不间断的阅读需求。

【特别专题】【主题书单】【人物特写】等原创专栏，提供专业、深度的解读和选书参考，回应社会议题，是您了解湛庐近千位重要作者思想的独家渠道。

在每本图书的详情页，您将通过深度导读栏目【专家视点】【深度访谈】和【书评】读懂、读透一本好书。

通过这个不设限的学习平台，您在任何时间、任何地点都能获得有价值的思想，并通过阅读实现终身学习。我们邀您共建一个与最聪明的人共同进化的社区，使其成为先进思想交汇的聚集地，这正是我们的使命和价值所在。

CHEERS

湛庐阅读 App
使用指南

读什么
· 纸质书
· 电子书
· 有声书

怎么读
· 课程
· 精读班
· 讲书
· 测一测
· 参考文献
· 图片资料

与谁共读
· 主题书单
· 特别专题
· 人物特写
· 日更专栏
· 编辑推荐

谁来领读
· 专家视点
· 深度访谈
· 书评
· 精彩视频

HERE COMES EVERYBODY

下载湛庐阅读 App
一站获取阅读服务

THE POWER OF FLEXING by Susan J. Ashford
Copyright © 2021 by Susan J. Ashford
Published by arrangement with HarperBusiness, an imprint of HarperCollins Publishers.
All rights reserved.

本书中文简体字版经授权在中华人民共和国境内独家出版发行。未经出版者书面许可，不得以任何方式抄袭、复制或节录本书中的任何部分。

版权所有，侵权必究。

图书在版编目（CIP）数据

人生高弹性法则/（美）苏珊·阿什福德（Susan J. Ashford）著；曲韵凡译. -- 杭州：浙江教育出版社，2024.12. -- ISBN 978-7-5722-9366-5

Ⅰ. B848.4-49

中国国家版本馆 CIP 数据核字第 202459R1G7 号

浙江省版权局
著作权合同登记号
图字:11- 2022 - 198

上架指导：商业新知

版权所有，侵权必究
本书法律顾问　北京市盈科律师事务所　崔爽律师

人生高弹性法则

RENSHENG GAOTANXING FAZE

苏珊·阿什福德（Susan J. Ashford）　著
曲韵凡　译

| 责任编辑：苏心怡 |
| 美术编辑：韩　波 |
| 责任校对：操婷婷 |
| 责任印务：陈　沁 |
| 封面设计：ablackcover.com |

出版发行　浙江教育出版社（杭州市环城北路 177 号）
印　　刷　唐山富达印务有限公司
开　　本　720mm ×965mm 1/16
印　　张　18.00　　　　　　　　字　　数　239 千字
版　　次　2024 年 12 月第 1 版　　印　　次　2024 年 12 月第 1 次印刷
书　　号　ISBN 978-7-5722-9366-5　定　　价　109.90 元

如发现印装质量问题，影响阅读，请致电 010-56676359 联系调换。